U0285958

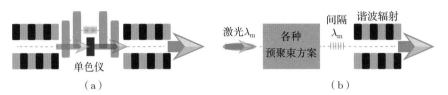

图 1.3　增强 FEL 纵向相干性的方法

（a）SASE 自种子运行；（b）预聚束

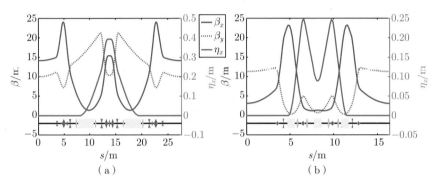

图 1.5　典型的（a）DBA 结构（APS 环）和（b）TBA 结构（ALS 环）

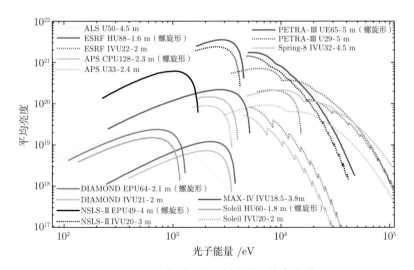

图 1.6　一些典型同步辐射光源平均亮度谱

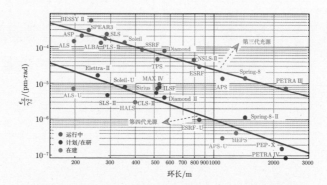

图 1.7 第三代和第四代同步辐射光源横向发射度对比

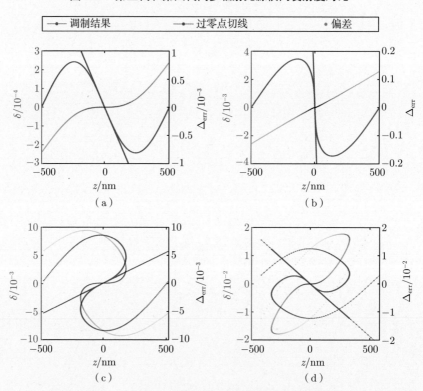

图 3.2 不同激光强度 a_0 情况下初始只有纵向位置偏差的理想线状电子束在激光调制器出口处的纵向相空间

(a) $a_0 = 3.9 \times 10^{-6}$，$N_u \nu_m = 0.062$；(b) $a_0 = 5.8 \times 10^{-5}$，$N_u \nu_m = 0.241$；

(c) $a_0 = 1.9 \times 10^{-4}$，$N_u \nu_m = 0.439$；(d) $a_0 = 3.9 \times 10^{-4}$，$N_u \nu_m = 0.622$

注：采用的激光波长 $\lambda_m = 1\ \mu m$，对应周期长度 $\lambda_u = 50\ mm$ 的波荡器基频共振波长，波荡器周期数 $N_u = 50$。

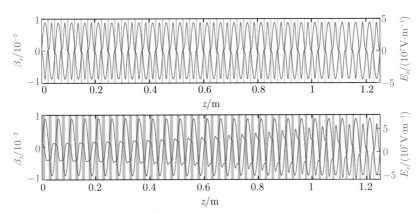

**图 3.4 调制电压峰值相位的电子在平面波（上）和高斯激光（下）作用下前半个波
荡器内的能量增益过程**

注：绿色区域电子失去能量，高斯激光焦斑在 $z = 1.25$ m 处；波荡器参数同图 3.2。

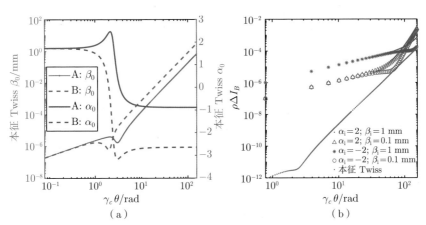

**图 3.9 A、B 两类弯铁（a）本征 Twiss 和（b）最小纵向发射度贡献量 ΔI_B 随
偏转角的变化曲线**

注：标准电子能量和弯铁偏转半径分别设为 400 MeV、1 m。

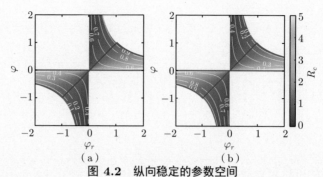

图 4.2 纵向稳定的参数空间

注：(a) 中 $h > 0$；(b) 中 $h < 0$。白色等高线为 ν_z 共振线，背景表示压缩系数，红框内的区域满足压缩系数 $R_c > 1$。

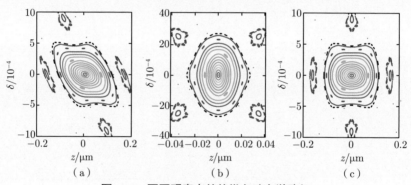

图 4.4 不同观察点处的纵向动力学孔径

(a) A 点；(b) 辐射器位置；(c) 辐射器对侧

注：$\xi_r = -102\,\mu\mathrm{m}$，$\xi = 50\,\mu\mathrm{m}$，$V_0 = 1.19\,\mathrm{MV}$。

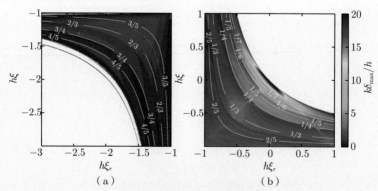

图 4.5 纵向稳定的参数空间

注：(a) 对应图 4.2 第三象限，(b) 对应图 4.2 第一象限。白色等高线为纵向同步振荡频数共振线；背景表示无量纲纵向动力学孔径高度。

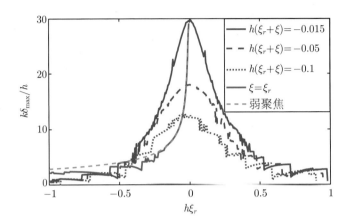

图 4.6　不同方向下无量纲纵向动力学孔径高度随 $h\xi_r$ 的变化

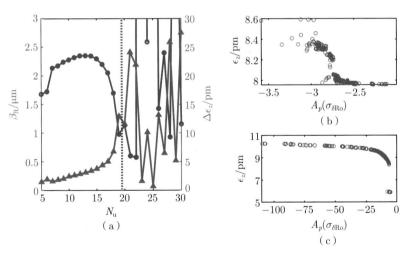

图 5.4　固定 LM 等效调制强度和 EUV 辐射器处束长 3 nm 时，不同波荡器 N_u 下的纵向动力学表现

（a）实现 3 nm 束长所需的 β_R 及 LM 对纵向发射度的贡献；（b）$N_u = 20$ 时稳态纵向发射度与动力孔径的关系；（c）$N_u = 19$ 时稳态纵向发射度与动力学孔径的关系

注：$h = -9 \times 10^4$ m^{-1}，主环磁聚焦结构参数同图 4.9。

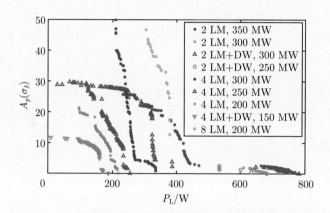

图 5.6　三种纵向强聚焦方案下 NSGA 给出的帕累托前沿

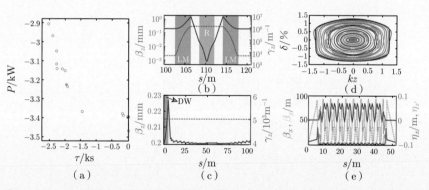

图 5.9　针对托歇克寿命和 EUV 辐射功率进行全环优化的帕累托前沿和选定点的
三维 Twiss、纵向动力学孔径

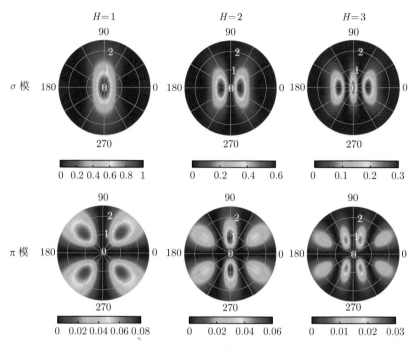

图 6.3 不同 H 取值时两种模式的归一化强度分布

注：径向值表示辐射张角 $\theta(\mathrm{mrad})$，环向值表示 $\phi(°)$。

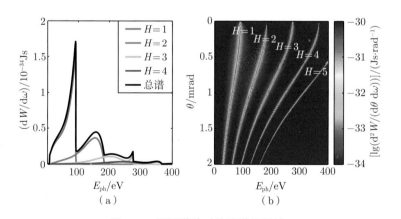

图 6.4 不同谐波对总能谱的贡献

（a）各次谐波的谱形；（b）不同张角能谱

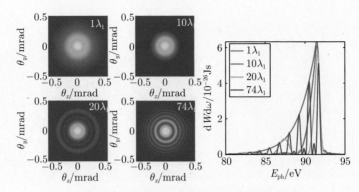

图 6.9　不同谐波辐射时的光斑和能谱

注：每个例子均采用三个微束团，且每个微束团电子数 $N_e = 2 \times 10^4$，束长 $\sigma_z = 3\,\text{nm}$，能散 $\sigma_\delta = 2 \times 10^{-4}$，束团横向发射度 $\epsilon = 10\,\text{pm}$，波荡器中心位置横向 Twiss $\beta = 10\,\text{m}$。

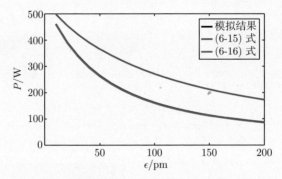

图 6.10　两种辐射功率计算结果与模拟结果的对比

注：单个微束团的超辐射，束长和能散固定在 3 nm、2×10^{-4}。

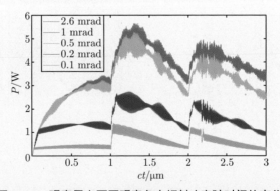

图 6.12　观察屏上不同观察角内辐射功率随时间的变化

注：波荡器周期数 $N_u = 160$，$K = 0.8$，谐波数为 79，每个微束团电子数 $N_e = 400$，束长 $\sigma_z = 3\,\text{nm}$，能散 $\sigma_\delta = 1 \times 10^{-3}$，等效平均流强约 18 mA，束团横向发射度 $\epsilon = 50\,\text{pm}$，波荡器中心位置横向 Twiss $\beta = 1\,\text{m}$。

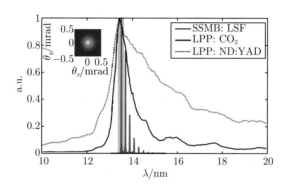

图 6.13　SSMB 纵向强聚焦下的 EUV 辐射能谱与两种 LPP 方案的对比

注：束流参数见表 5.3。

清华大学优秀博士学位论文丛书

稳态微聚束储存环纵向强聚焦研究

张耀（Zhang Yao）著

Research on Longitudinal Strong
Focusing SSMB Ring

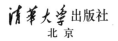清华大学出版社
北京

内 容 简 介

本书从加速器光源的功率和相干性出发,介绍了自由电子激光、同步辐射和一种新型短波长高平均功率光源方案——稳态微聚束。通过引入纵向 Courant-Snyder 参数对电子储存环的三维动力学做了详细讲解,包括线性动力学、同步辐射、量子激发和三维稳态发射度,并阐述了储存环纵向发射度优化的方法和稳态微聚束关键器件"激光调制器"的原理。书中还给出了利用双射频和双激光调制器形成纵向强聚焦以实现纳米级超短束团的理论,并介绍了基于此理论的"清华大学 SSMB-EUV 光源纵向强聚焦储存环"设计。此外,本书还详细探讨了纳米长度束团的波荡器辐射特性。

本书面向加速器相关专业的读者,可作为稳态微聚束相关研究人员的参考资料。同时也可供对大功率短波长光源感兴趣的人员参考阅读。

版权所有,侵权必究。举报:010-62782989,beiqinquan@tup.tsinghua.edu.cn。

图书在版编目(CIP)数据

稳态微聚束储存环纵向强聚焦研究 / 张耀著. -- 北京:清华大学出版社,2025.2.
(清华大学优秀博士学位论文丛书). -- ISBN 978-7-302-68111-3

Ⅰ. TL594

中国国家版本馆 CIP 数据核字第 2025XH1809 号

责任编辑:戚　亚
封面设计:傅瑞学
责任校对:王淑云
责任印制:刘　菲

出版发行:清华大学出版社
　　　　　网　　　址:https://www.tup.com.cn, https://www.wqxuetang.com
　　　　　地　　　址:北京清华大学学研大厦 A 座　　　邮　　编:100084
　　　　　社 总 机:010-83470000　　　　　　　　　邮　　购:010-62786544
　　　　　投稿与读者服务:010-62776969,c-service@tup.tsinghua.edu.cn
　　　　　质量反馈:010-62772015,zhiliang@tup.tsinghua.edu.cn
印 装 者:三河市东方印刷有限公司
经　　销:全国新华书店
开　　本:155mm×235mm　　印　张:11.5　　插　页:5　　字　数:185 千字
版　　次:2025 年 3 月第 1 版　　　　　　　　印　次:2025 年 3 月第 1 次印刷
定　　价:99.00 元

产品编号:101696-01

一流博士生教育
体现一流大学人才培养的高度（代丛书序）^①

人才培养是大学的根本任务。只有培养出一流人才的高校，才能够成为世界一流大学。本科教育是培养一流人才最重要的基础，是一流大学的底色，体现了学校的传统和特色。博士生教育是学历教育的最高层次，体现出一所大学人才培养的高度，代表着一个国家的人才培养水平。清华大学正在全面推进综合改革，深化教育教学改革，探索建立完善的博士生选拔培养机制，不断提升博士生培养质量。

学术精神的培养是博士生教育的根本

学术精神是大学精神的重要组成部分，是学者与学术群体在学术活动中坚守的价值准则。大学对学术精神的追求，反映了一所大学对学术的重视、对真理的热爱和对功利性目标的摒弃。博士生教育要培养有志于追求学术的人，其根本在于学术精神的培养。

无论古今中外，博士这一称号都和学问、学术紧密联系在一起，和知识探索密切相关。我国的博士一词起源于 2000 多年前的战国时期，是一种学官名。博士任职者负责保管文献档案、编撰著述，须知识渊博并负有传授学问的职责。东汉学者应劭在《汉官仪》中写道："博者，通博古今；士者，辩于然否。"后来，人们逐渐把精通某种职业的专门人才称为博士。博士作为一种学位，最早产生于 12 世纪，最初它是加入教师行会的一种资格证书。19 世纪初，德国柏林大学成立，其哲学院取代了以往神学院在大学中的地位，在大学发展的历史上首次产生了由哲学院授予的哲学博士学位，并赋予了哲学博士深层次的教育内涵，即推崇学术自由、创造新知识。哲学博士的设立标志着现代博士生教育的开端，博士则被定义为

① 本文首发于《光明日报》，2017 年 12 月 5 日。

独立从事学术研究、具备创造新知识能力的人，是学术精神的传承者和光大者。

博士生学习期间是培养学术精神最重要的阶段。博士生需要接受严谨的学术训练，开展深入的学术研究，并通过发表学术论文、参与学术活动及博士论文答辩等环节，证明自身的学术能力。更重要的是，博士生要培养学术志趣，把对学术的热爱融入生命之中，把捍卫真理作为毕生的追求。博士生更要学会如何面对干扰和诱惑，远离功利，保持安静、从容的心态。学术精神，特别是其中所蕴含的科学理性精神、学术奉献精神，不仅对博士生未来的学术事业至关重要，对博士生一生的发展都大有裨益。

独创性和批判性思维是博士生最重要的素质

博士生需要具备很多素质，包括逻辑推理、言语表达、沟通协作等，但是最重要的素质是独创性和批判性思维。

学术重视传承，但更看重突破和创新。博士生作为学术事业的后备力量，要立志于追求独创性。独创意味着独立和创造，没有独立精神，往往很难产生创造性的成果。1929 年 6 月 3 日，在清华大学国学院导师王国维逝世二周年之际，国学院师生为纪念这位杰出的学者，募款修造"海宁王静安先生纪念碑"，同为国学院导师的陈寅恪先生撰写了碑铭，其中写道："先生之著述，或有时而不章；先生之学说，或有时而可商；惟此独立之精神，自由之思想，历千万祀，与天壤而同久，共三光而永光。"这是对于一位学者的极高评价。中国著名的史学家、文学家司马迁所讲的"究天人之际，通古今之变，成一家之言"也是强调要在古今贯通中形成自己独立的见解，并努力达到新的高度。博士生应该以"独立之精神、自由之思想"来要求自己，不断创造新的学术成果。

诺贝尔物理学奖获得者杨振宁先生曾在 20 世纪 80 年代初对到访纽约州立大学石溪分校的 90 多名中国学生、学者提出："独创性是科学工作者最重要的素质。"杨先生主张做研究的人一定要有独创的精神、独到的见解和独立研究的能力。在科技如此发达的今天，学术上的独创性变得越来越难，也愈加珍贵和重要。博士生要树立敢为天下先的志向，在独创性上下功夫，勇于挑战最前沿的科学问题。

批判性思维是一种遵循逻辑规则、不断质疑和反省的思维方式，具有批判性思维的人勇于挑战自己，敢于挑战权威。批判性思维的缺乏往往被认为是中国学生特有的弱项，也是我们在博士生培养方面存在的一个普遍问题。2001 年，美国卡内基基金会开展了一项"卡内基博士生教育创新计划"，针对博士生教育进行调研，并发布了研究报告。该报告指出：在美国和欧洲，培养学生保持批判而质疑的眼光看待自己、同行和导师的观点同样非常不容易，批判性思维的培养必须成为博士生培养项目的组成部分。

对于博士生而言，批判性思维的养成要从如何面对权威开始。为了鼓励学生质疑学术权威、挑战现有学术范式，培养学生的挑战精神和创新能力，清华大学在 2013 年发起"巅峰对话"，由学生自主邀请各学科领域具有国际影响力的学术大师与清华学生同台对话。该活动迄今已经举办了 21 期，先后邀请 17 位诺贝尔奖、3 位图灵奖、1 位菲尔兹奖获得者参与对话。诺贝尔化学奖得主巴里·夏普莱斯（Barry Sharpless）在 2013 年 11 月来清华参加"巅峰对话"时，对于清华学生的质疑精神印象深刻。他在接受媒体采访时谈道："清华的学生无所畏惧，请原谅我的措辞，但他们真的很有胆量。"这是我听到的对清华学生的最高评价，博士生就应该具备这样的勇气和能力。培养批判性思维更难的一层是要有勇气不断否定自己，有一种不断超越自己的精神。爱因斯坦说："在真理的认识方面，任何以权威自居的人，必将在上帝的嬉笑中垮台。"这句名言应该成为每一位从事学术研究的博士生的箴言。

提高博士生培养质量有赖于构建全方位的博士生教育体系

一流的博士生教育要有一流的教育理念，需要构建全方位的教育体系，把教育理念落实到博士生培养的各个环节中。

在博士生选拔方面，不能简单按考分录取，而是要侧重评价学术志趣和创新潜质。知识结构固然重要，但学术志趣和创新潜力更关键，考分不能完全反映学生的学术潜质。清华大学在经过多年试点探索的基础上，于 2016 年开始全面实行博士生招生"申请–审核"制，从原来的按照考试分数招收博士生，转变为按科研创新能力、专业学术潜质招收，并给予院系、学科、导师更大的自主权。《清华大学"申请–审核"制实施办法》明晰了导师和院系在考核、遴选和推荐上的权力和职责，同时确定了规范的流程及监管要求。

在博士生指导教师资格确认方面，不能论资排辈，要更看重教师的学术活力及研究工作的前沿性。博士生教育质量的提升关键在于教师，要让更多、更优秀的教师参与到博士生教育中来。清华大学从 2009 年开始探索将博士生导师评定权下放到各学位评定分委员会，允许评聘一部分优秀副教授担任博士生导师。近年来，学校在推进教师人事制度改革过程中，明确教研系列助理教授可以独立指导博士生，让富有创造活力的青年教师指导优秀的青年学生，师生相互促进、共同成长。

在促进博士生交流方面，要努力突破学科领域的界限，注重搭建跨学科的平台。跨学科交流是激发博士生学术创造力的重要途径，博士生要努力提升在交叉学科领域开展科研工作的能力。清华大学于 2014 年创办了"微沙龙"平台，同学们可以通过微信平台随时发布学术话题，寻觅学术伙伴。3 年来，博士生参与和发起"微沙龙"12 000 多场，参与博士生达38 000 多人次。"微沙龙"促进了不同学科学生之间的思想碰撞，激发了同学们的学术志趣。清华于 2002 年创办了博士生论坛，论坛由同学自己组织，师生共同参与。博士生论坛持续举办了 500 期，开展了 18 000 多场学术报告，切实起到了师生互动、教学相长、学科交融、促进交流的作用。学校积极资助博士生到世界一流大学开展交流与合作研究，超过60%的博士生有海外访学经历。清华于 2011 年设立了发展中国家博士生项目，鼓励学生到发展中国家亲身体验和调研，在全球化背景下研究发展中国家的各类问题。

在博士学位评定方面，权力要进一步下放，学术判断应该由各领域的学者来负责。院系二级学术单位应该在评定博士论文水平上拥有更多的权力，也应担负更多的责任。清华大学从 2015 年开始把学位论文的评审职责授权给各学位评定分委员会，学位论文质量和学位评审过程主要由各学位分委员会进行把关，校学位委员会负责学位管理整体工作，负责制度建设和争议事项处理。

全面提高人才培养能力是建设世界一流大学的核心。博士生培养质量的提升是大学办学质量提升的重要标志。我们要高度重视、充分发挥博士生教育的战略性、引领性作用，面向世界、勇于进取，树立自信、保持特色，不断推动一流大学的人才培养迈向新的高度。

清华大学校长

2017 年 12 月

丛书序二

以学术型人才培养为主的博士生教育，肩负着培养具有国际竞争力的高层次学术创新人才的重任，是国家发展战略的重要组成部分，是清华大学人才培养的重中之重。

作为首批设立研究生院的高校，清华大学自 20 世纪 80 年代初开始，立足国家和社会需要，结合校内实际情况，不断推动博士生教育改革。为了提供适宜博士生成长的学术环境，我校一方面不断地营造浓厚的学术氛围，一方面大力推动培养模式创新探索。我校从多年前就已开始运行一系列博士生培养专项基金和特色项目，激励博士生潜心学术、锐意创新，拓宽博士生的国际视野，倡导跨学科研究与交流，不断提升博士生培养质量。

博士生是最具创造力的学术研究新生力量，思维活跃，求真求实。他们在导师的指导下进入本领域研究前沿，吸取本领域最新的研究成果，拓宽人类的认知边界，不断取得创新性成果。这套优秀博士学位论文丛书，不仅是我校博士生研究工作前沿成果的体现，也是我校博士生学术精神传承和光大的体现。

这套丛书的每一篇论文均来自学校新近每年评选的校级优秀博士学位论文。为了鼓励创新，激励优秀的博士生脱颖而出，同时激励导师悉心指导，我校评选校级优秀博士学位论文已有 20 多年。评选出的优秀博士学位论文代表了我校各学科最优秀的博士学位论文的水平。为了传播优秀的博士学位论文成果，更好地推动学术交流与学科建设，促进博士生未来发展和成长，清华大学研究生院与清华大学出版社合作出版这些优秀的博士学位论文。

感谢清华大学出版社，悉心地为每位作者提供专业、细致的写作和出版指导，使这些博士论文以专著方式呈现在读者面前，促进了这些最新的优秀研究成果的快速广泛传播。相信本套丛书的出版可以为国内外各相关领域或交叉领域的在读研究生和科研人员提供有益的参考，为相关学科领域的发展和优秀科研成果的转化起到积极的推动作用。

感谢丛书作者的导师们。这些优秀的博士学位论文，从选题、研究到成文，离不开导师的精心指导。我校优秀的师生导学传统，成就了一项项优秀的研究成果，成就了一大批青年学者，也成就了清华的学术研究。感谢导师们为每篇论文精心撰写序言，帮助读者更好地理解论文。

感谢丛书的作者们。他们优秀的学术成果，连同鲜活的思想、创新的精神、严谨的学风，都为致力于学术研究的后来者树立了榜样。他们本着精益求精的精神，对论文进行了细致的修改完善，使之在具备科学性、前沿性的同时，更具系统性和可读性。

这套丛书涵盖清华众多学科，从论文的选题能够感受到作者们积极参与国家重大战略、社会发展问题、新兴产业创新等的研究热情，能够感受到作者们的国际视野和人文情怀。相信这些年轻作者们勇于承担学术创新重任的社会责任感能够感染和带动越来越多的博士生，将论文书写在祖国的大地上。

祝愿丛书的作者们、读者们和所有从事学术研究的同行们在未来的道路上坚持梦想，百折不挠！在服务国家、奉献社会和造福人类的事业中不断创新，做新时代的引领者。

相信每一位读者在阅读这一本本学术著作的时候，在吸取学术创新成果、享受学术之美的同时，能够将其中所蕴含的科学理性精神和学术奉献精神传播和发扬出去。

清华大学研究生院院长

2018 年 1 月 5 日

导师序言

自 1947 年同步辐射在电子同步加速器上被观察到以来，基于加速器的先进加速器光源已经成为科学研究的重要平台，在人类科学发现和技术进步中发挥了至关重要的作用。基于电子储存环的同步辐射光源及基于高亮度电子束的自由电子激光装置是目前先进加速器光源的主要形式。2010 年，Ratner 和 Chao 提出了一种可以兼顾同步辐射高重频和自由电子激光高峰值亮度的新加速器光源方案——稳态微聚束（SSMB）光源。2021 年，清华大学主导的国际研究组实验验证了 SSMB 原理。研究表明，SSMB 光源在产生从太赫兹到软 X 射线波段的大功率辐射光方面具有巨大的潜力。

SSMB 光源的物理核心原理是：在特殊设计的电子储存环中，产生并稳定储存纵向长度远小于辐射波长的电子束团。这些超短电子束团会在扭摆磁铁中产生相干辐射，其辐射功率正比于束团内电子数目的平方。比如，要实现极紫外（EUV，13.5 nm）波段的相干辐射，束团长度通常要求小于 3 nm，比传统同步辐射光源中的束团长度小了接近 6 个数量级。要让如此短的束团稳定地以光速在储存环中运行，使得对束流纵向动力学的深入研究成了研制 SSMB 光源的重要任务之一。

本书从分析电子储存环中电子的单粒子运动出发，重点论述了 SSMB 光源储存环的几个纵向动力学方面的问题。

本书通过引入纵向 Courant-Snyder 参数，给出了平面型磁聚焦结构储存环六维单圈传输矩阵在包含纵向 Twiss 参数下的表达形式。在考虑线性动力学、同步辐射、量子激发的情况下，给出了纵向聚焦元件在无色散位置时，平面型储存环的三维稳态发射度。分析了储存环中典型的各类二极场元件对稳态纵向发射度的贡献及储存环的理论最小纵向发射度，给出了一套基于本征 Twiss 参数的电子储存环稳态纵向发射度优化方法。

激光调制器（LM）是电子束在扭摆磁铁的周期性磁场和激光光场共同作用下实现激光电场对电子束能量调制的部件。其作用类似于现今储存环中的射频腔，但激光与扭摆磁铁的共同作用可为束团纵向提供长度为激光波长尺度的微势阱（micro bucket）。另外，被 LM 能量调制后的电子束团在纵向强聚焦作用下，还可产生纳米级长度的稳态微束团。本书对 LM 进行了详细分析，给出了 LM 的传输矩阵与激光、波荡器参数之间的理论关系。在分析了 SSMB 纵向强聚焦线性理论的基础上，给出了利用双 LM 实现纳米级超短束团的物理设计。

基于对 SSMB 光源中纵向动力学的理论研究，本书建立了一套完整的 SSMB 光源储存环全环优化程序。利用该程序，给出了清华大学 SSMB-EUV 光源纵向强聚焦储存环的物理设计方案。对储存环的超周期结构、波荡器参数、LM 数目、LM 参数以及压缩段等进行了优化，给出了 SSMB 纵向强聚焦储存环布局参数及托歇克寿命等。并在对纳米级长度束团的波荡器辐射特性分析的基础上，给出了清华大学 SSMB-EUV 光源纵向强聚焦方案的辐射功率优化结果。

本书对基于纵向强聚焦原理的 SSMB 加速器光源进行了比较详细的论述，不但为加速器专业的读者提供了储存环纵向动力学的物理分析与优化方法，也为有兴趣了解 SSMB 新原理加速器光源的科研人员提供了一个较为全面的参考。

唐传祥

清华大学工程物理系

2023 年 10 月

摘　要

　　加速器光源是短波长高平均功率光的重要实现途径。自由电子激光可实现高峰值功率，同步辐射具有高重复频率。稳态微聚束（SSMB）则将自由电子激光和同步辐射的特点相结合，是高平均功率光源的新方案。围绕 SSMB，本书对储存环在双激光调制器作用下的 SSMB 纵向动力学进行了深入探讨，并开展了 SSMB 纵向强聚焦储存环设计，可将微束团长度压缩至纳米量级，以产生高平均功率极紫外辐射。

　　储存环纵向动力学是 SSMB 纵向强聚焦研究的重点，也是环物理研究的新前沿。本书将纵向和横向 Twiss 函数组合成一个完整的三维 Twiss 体系，给出了平面型储存环单圈传输矩阵及稳态横、纵向发射度在该体系下的解析表达形式。实现 SSMB 的关键是激光调制器和储存环稳态纵向发射度优化。本书首先建立了激光调制器的物理模型，对其能量调制过程进行了理论分析，给出其纵向传输矩阵与激光和波荡器参数之间的解析关系，并针对激光调制器等效调制电压开展了优化。同时，书中给出了弯铁、波荡器和激光调制器等典型二极场元件对稳态纵向发射度的贡献，展示了一套基于本征纵向 Twiss 函数的储存环稳态纵向发射度优化方法。

　　本书也深入介绍了双激光调制器强聚焦模式下的储存环纵向动力学，讨论了稳定性条件、纵向动力学孔径等问题，给出了微束团的稳态发射度以及在环内和强聚焦段内的束长与能散。同时也对微束团在波荡器中的辐射进行了理论分析，推导出具有任意六维相空间分布的束团在波荡器内的相干辐射能谱和功率。书中还介绍了一个自主开发的 SSMB 纵向强聚焦优化程序，以及基于此完成的清华大学 SSMB-EUV 光源纵向强聚焦储存环的初步设计和优化。结果表明，强聚焦段内的稳态束长可短至 2.1 nm，在 13.5 nm 的极紫外辐射功率约为 3 200 W。

关键词：储存环，稳态微聚束，纵向强聚焦，高平均功率辐射，极紫外

Abstract

Accelerator light source is an important method to achieve short-wavelength high-average-power light. Free-electron lasers can provide high peak power, and synchrotron radiation has a high repetition rate. Steady-state microbunching (SSMB) combines the properties of free-electron laser and synchrotron radiation, and is a novel scheme of high-average-power light source. Focusing on SSMB, this book discusses the longitudinal dynamics of SSMB storage ring under the action of dual laser modulators deeply, and carries on the design of SSMB longitudinal strong focusing storage ring. Results show that the microbunches can be compressed to a length of nanometer level, and high-average-power extreme ultraviolet (EUV) radiation can also be produced.

The storage ring longitudinal dynamics is essential to longitudinal strong focusing studies, and it is also a new frontier in the research of storage ring physics. This book combines the longitudinal and transverse Twiss functions to form a complete three-dimensional Twiss system and deduce the analytical expressions for one-turn map, equilibrium transverse, and longitudinal emittance of a planar lattice. Because laser modulators and the equilibrium longitudinal emittance optimization are the keys to realizing SSMB. The physical model of laser modulator is constructed, a detailed theoretical analysis of its energy modulation is done, the analytical relationship between its longitudinal transfer matrix and the laser/undulator parameters is given, and optimization on its equivalent modulation voltage is also carried out. Meanwhile, this book derives the longitudinal emittance contribution of dipole, undulator and laser modulator through the analysis of the equilibrium emittance theory of storage ring. For the first time, we propose an equilibrium longitudinal emittance optimization method which is based on intrinsic Twiss function.

This book introduces the storage ring longitudinal dynamics in dual laser modulators' strong focusing mode carefully, discusses the stability conditions, the longitudinal dynamic aperture, etc., and analytically presents the equilibrium microbunch emittance, length and energy spread both in the ring and in the strong focusing section. The coherent undulator radiation of such a short electron bunch is analyzed theoretically and intensively. This book gives the expressions of coherent undulator radiation spectrum and power for electron beam with arbitrary 6D phase space distribution. We also develop a longitudinal-strong-focusing analysis and optimization code, based on which we complete the preliminary lattice design and optimization of the longitudinal strong focusing storage ring of the THU SSMB-EUV light source. As a result, the length of steady-state microbunches in the strong focusing section can be as short as 2.1 nm, and the EUV radiation power produced at a wavelength of 13.5 nm reaches about 3 200 W.

Keywords: Storage ring; Steady-state microbunching; Longitudinal strong focusing; High-average-power radiation; Extreme ultraviolet

符号和缩略语说明

ADM	角色散调制（angular dispersion modulation）
ADTS	振幅依赖的振荡频数偏移（amplitude dependent tune shift）
CPMU	低温永磁波荡器（cryogenic permanent magnet undulator）
CSR	相干同步辐射（cohercnt synchrotron radiation）
CW	连续波（continuous wave）
DBA	双弯铁消色散结构（double-bend achromat）
DW	阻尼扭摆器（damping wiggler）
EEHG	回声增强型高次谐波放大（echo-enabled harmonic generation）
ERL	能量回收型直线加速器（energy-recovery linac）
EUV	极紫外（extreme ultraviolet）
FEL	自由电子激光（free-electron laser）
FWHM	半高全宽（full width at half maximum）
HGHG	高增益谐波生成（high-gain harmonic generation）
IBS	束内散射（intrabeam scattering）
ID	插入件（insertion device）
IT	本征 Twiss（intrinsic Twiss）
IVU	真空波荡器（in vacuum undulator）

LDA	纵向动力学孔径（longitudinal dynamic aperture）
LM	激光调制器（laser modulator）
LPP	激光等离子体（laser-produced plasma）
LSF	纵向强聚焦（longitudinal strong focusing）
MBA	多弯铁消色散结构（multi-bend achromat）
NSGA-II	非支配排序的多目标遗传算法（non-dominated sorting genetic algorithm-II）
OVU	真空外波荡器（out vacuum undulator）
PEHG	相位融合增强的高次谐波（phase-merging enhanced harmonic generation）
RF	射频（radio frequency）
RMS	均方根（root mean square）
SASE	自放大自发辐射（self-amplified spontaneous emission）
SCU	超导波荡器（superconducting undulator）
SSMB	稳态微聚束（steady-state microbunching）
TBA	三弯铁消色散结构（triple-bend achromat）
$\hbar$	约化普朗克常数（reduced Planck constant）
e	电子电荷量（charge of electron）
r_e	电子经典半径（classical radius of electron）
m_e	电子静止质量（rest mass of electron）
λ_e	电子康普顿波长（Compton wavelength of electron）
c	真空光速（speed of light in vacuum）
ε_0	真空磁导率（vacuum permeability）
C_0, C_q	与量子激发相关的常数（constant related with quantum excitation）
ω	辐射光角频率（angular frequency of radiation）

λ	辐射光或波荡器共振波长（radiation wavelength, resonant wavelength of undulator）
k	波数（wavenumber）
V_0	RF 或 LM 的峰值调制电压（peak modulation voltage of RF or LM）
h	RF 或 LM 的能量调制强度（modulation strength of RF or LM）
λ_{m}	调制激光或 RF 波长（wavelength of modulation laser or RF）
λ_1	波荡器轴线上基频共振波长（on-axis fundamental resonant wavelength of undulator）
$\sigma_{x,y,z}$	高斯束流在 x, y, z 三个方向的均方根尺寸（beam RMS size）
$\sigma_{x',y'}$	高斯束流在 x, y 方向散角的均方根尺寸（beam RMS divergence）
σ_δ	高斯束流的均方根能散（beam RMS energy spread）
$\epsilon_{x,y,z}$	束流在 x, y, z 三个方向的几何发射度（beam emittance）
$\beta_{x,y,z}, \alpha_{x,y,z}, \gamma_{x,y,z}$	x, y, z 三个方向的磁聚焦结构光学函数（lattice optical function）
$\phi_{x,y,z}$	x, y, z 三个方向的 β 相位提前（phase advance）
$\nu_{x,y,z}$	x, y, z 三个方向的振荡频数（tune）
$D_{x,y,z}$	x, y, z 三个方向的无量纲辐射阻尼系数（dimensionless damping coefficient）
η_x, η_x'	x 方向的色散函数和色散函数导数（dispersion, dispersion angle）
$\mathcal{H}_x$	x 方向的色品不变量（chromatic invariant）
E_c	标准电子能量（standard electron energy）

p_c	标准电子动量（standard electron momentum）
β_c	标准电子归一化速度（normalized velocity of standard electron）
γ_c	标准电子的洛伦兹因子（Lorentz factor of standard electron）
ϕ_s	标准电子的同步相位（synchrotron phase）
α_C	全环动量压缩因子（storage ring momentum compaction factor）
η_C	滑相因子（slip factor）
C_{ring}	储存环环长（storage ring circumference）
R_{56}	s 坐标下的全环动量压缩系数（storage ring momentum compaction factor in s coordinate system）
r_{56}	s 坐标下的局部动量压缩系数（local momentum compaction factor in s coordinate system）
$\boldsymbol{B}$	磁场矢量（vector of magnetic field）
B_x, B_y, B_z	x, y, z 三个方向的磁场（magnetic field）
ρ	电子在弯铁中的偏转半径（electron bending radius）
ρ_c	标准电子在弯铁中的偏转半径（standard electron bending radius）
$K_{0,1}$	二极场和四极场强度（strength of dipole and quadrupole）
U_0	标准电子回旋单圈的辐射能量损失（one-turn energy loss of standard electron）
λ_u	波荡器周期长度（undulator period）
k_u	波荡器波数（undulator wavenumber）
N_u	波荡器周期数（period number of undulator）
K	波荡器无量纲磁场强度（dimensionless magnetic strength of undulator）

E_0	激光峰值电场（peak electric field of laser）
a_0	激光电场的无量纲强度（dimensionless strength of laser）
R_z	激光瑞利长度（Rayleigh length of laser）
P_L	激光功率（laser power）
ω_L	激光角频率（laser angular frequency）
P	辐射功率（radiation power）
$\Delta\psi_m$	LM 纵向同步相位提前（longitudinal phase advance of LM）
ν_m	LM 单个波荡器周期内纵向同步相位提前对应的纵向振荡频数增量（longitudinal tune advance of each period of LM）
ΔI	元件或束线对稳态纵向发射度的贡献量（longitudinal emittance contribution of an element or beamline）
ΔI_min	元件或束线对稳态纵向发射度的最小贡献量（minimum longitudinal emittance contribution of an element or beamline）
$C_{\alpha,\beta,\gamma}$	元件或束线的本征参数（intrinsic parameter of an element or beamline）
$\alpha_0, \beta_0, \gamma_0$	元件或束线的纵向本征 Twiss 函数（longitudinal intrinsic Twiss of an element or beamline）
ξ_r	纵向强聚焦储存环半环的动量压缩系数（momentum compaction factor of half LSF storage ring）
ξ	$\dfrac{1}{2}$ 纵向强聚焦段的动量压缩系数（momentum compaction factor of LSF section）
δ_max	纵向动力学孔径高度（bucket height）
A_0, A_1, A_2	磁聚焦结构特征参数（lattice characteristic parameter）

$\beta_{x,y,z}$ 电子在 x, y, z 三个方向的归一化速度（第 6 章）（in chapter 6, electron normalized velocity）

$\bar{\beta}_z$ 电子在波荡器中的归一化平均纵向速度（averaged longitudinal normalized electron velocity in an undulator）

H 波荡器辐射谐波次数（harmonic number of undulator radiation）

F_{T} 辐射场的空间相干系数（spatial coherent coefficient of radiation field）

F_{L} 辐射场的时间相干系数（temporal coherent coefficient of radiation field）

角标 i 的含义   相应变量的初值（refers to initial values）

角标 c 的含义   标准电子相应变量值（refers to values of standard electron）

目　录

第 1 章 绪 论

光是人们探索未知、认识世界、改变世界的主要工具，每一次新型光源的出现都伴随着一系列科学技术的进步。以激光为例，它是一种具有高相干性、高单色性、高准直性、高偏振性，且脉宽和功率跨度极广的高品质光源，已在科学研究、工业生产、日常生活等诸多方面发挥了至关重要的作用。然而，由于电子被束缚在原子或分子能级之间，激光的波长一般处于远红外至紫外波段。加速器光源突破了这种能带限制，可在广阔的频率范围内产生高品质辐射。同步辐射和自由电子激光则是典型的代表，目前已被广泛应用于生命科学、材料科学、环境科学等研究领域。

同步辐射装置是一种基于电子储存环的加速器光源，它具有亮度高、偏振性好、准直性高、能谱连续且可被理论准确描述等特点。得益于电子束以近光速在环内回旋，同步辐射的重复频率和稳定性也极高。而自由电子激光（free-electron laser，FEL）则是当今在 X 射线波段峰值亮度最高的一种人工光源，它以自由的电子束作为增益介质，结合微聚束和相干增益过程，可在太赫兹波至 X 射线波段产生超高峰值功率的相干辐射。

近年来，对于大功率（高平均功率）辐射光源的需求越来越强烈，如大功率太赫兹波源和极紫外（extreme ultraviolet，EUV）光源。为此，一种将储存环与自由电子激光微聚束理念相结合的新型稳态微聚束（steady-state microbunching，SSMB）概念被提出[1]。它通过储存环磁聚焦结构设计或束流的相空间操控，在环内实现超低的束流三维发射度，使束团辐射达到三维相干的状态，不仅能够大幅提升单束团的辐射功率，且可实现连续波（continuous wave，CW）状态的大功率太赫兹波或 EUV辐射。

1.1 加速器光源的亮度、功率与相干性

功率是描述光源品质的一个重要参数,而在加速器光源中,亮度的概念却应用得更为广泛。它们之间有非常紧密的联系,且均强烈依赖于束团辐射的三维相干性。通常,增强束团辐射的相干性是提升功率和亮度非常直接且有效的办法。

在加速器光源中,使电子束产生加速度并放出辐射的基本元件主要是弯铁和波荡器(或扭摆器)。在这两类辐射器件中,由于电子束运动规律不同,产生的辐射特性存在差异,如图 1.1 所示。弯铁辐射的方向在束流偏转平面内不断变化,辐射场的空间集中度不高,是一种"扫描式"光源,能谱连续;波荡器或扭摆器辐射则在束流运动的全过程中,仅分布在轴线附近的小角度内,具有更高的空间集中度和亮度[2]。对于水平(x)和垂直(y)分布近似为高斯函数的电子束,利用高斯光学(几何光学的傍轴近似)对它们的辐射光进行定性分析后,可将其辐射亮度定义成类似的形式,分别为[3-8]

$$
\begin{cases}
B_{\mathrm{b}} = \dfrac{1}{(2\pi)^{3/2} \varSigma_x \varSigma_y \varSigma_{y'} \dfrac{\Delta\omega}{\omega}} \dfrac{\mathrm{d}\dot{N}_{\mathrm{ph}}}{\mathrm{d}\theta_x}, & \text{弯铁} \\[4mm]
B_{\mathrm{u}} = \dfrac{\dot{N}_{\mathrm{ph}}}{(2\pi)^{4} \varSigma_x \varSigma_{x'} \varSigma_y \varSigma_{y'} \dfrac{\Delta\omega}{\omega}}, & \text{波荡器}
\end{cases}
$$

弯铁:扫描式光源　　　扭摆器:非相干叠加　　　波荡器:相干叠加

图 1.1　弯铁、扭摆器、波荡器的辐射模式

其中 $\dot{N}_{\mathrm{ph}}$ 表示辐射频率在 $\omega \sim (\omega + \Delta\omega)$ 的光子通量;$\varSigma_{x,y} = \sqrt{\sigma_{x,y}^2 + \sigma_{\mathrm{ph}}^2}$ 和 $\varSigma_{x',y'} = \sqrt{\sigma_{x',y'}^2 + \sigma_{\mathrm{ph}'}^2}$ 分别为水平和垂直方向上光源的有效尺寸和有效散角;而 $\sigma_{x,y}$ 和 $\sigma_{x',y'}$ 则分别表示电子束在两个横向方向的均方根尺寸和散角。在这个定义中,辐射光被当成是具有横向尺寸 σ_{ph} 和横向散

角 $\sigma_{ph'}$ 的高斯光束。对于波长为 λ 的辐射，σ_{ph} 和 $\sigma_{ph'}$ 通过光的发射度联系在一起，即 $\epsilon_{ph} = \dfrac{\lambda}{4\pi} = \sigma_{ph}\sigma_{ph'}$。

光源亮度是一个源于辐射测量的物理量，标准单位为 "ph/s/mrad^2/mm^2/0.1%bw"，即定义中的 $\Delta\omega$ 一般取关注的辐射频率 ω 附近千分之一带宽（bandwidth，bw）内的部分。它表征单位面积单位投影立体角内的光谱光子通量，或相空间内的光谱光子通量密度。其他辐射参量几乎均可以通过亮度获得，如对亮度进行立体角积分即可获得空间光谱光子通量，进行光源面积积分则可获得角光谱光子通量，而同时积分后便是总光谱光子通量。对于辐射频率处于 $\omega \sim (\omega + \Delta\omega)$ 的辐射功率，则可直接表示成

$$P(\omega) = \iint \hbar\omega B_{u,b}\mathrm{d}A\mathrm{d}\Omega$$

因此，提升光源亮度，辐射功率也相应增加。

无论是弯铁还是波荡器，辐射亮度均强烈依赖于束团的尺寸和散角。随着横向尺寸、散角的不断下降，束团的横向发射度也减小，但其辐射的横向相干性增加，亮度也将不断提升。然而，当束团横向尺寸和散角低至与辐射光的尺寸、散角接近，即束团的横向发射度 $\epsilon_{x,y} \approx \dfrac{\lambda}{4\pi}$ 时，整个光源逼近衍射极限，辐射亮度几乎无法进一步提升[9-11]。这也对应着储存环同步辐射光源的发展历程。考虑到衍射极限下的波荡器辐射亮度为 $B_u^u = \dot{N}_{ph} \Big/ \Big[(2\pi)^4 \sigma_{ph}^2 \sigma_{ph'}^2 \dfrac{\Delta\omega}{\omega} \Big]$，一般将束团辐射在波长 λ 处的横向相干性定义成[3]

$$f_{coh}(\lambda) = \frac{B_u}{B_u^u} = \frac{\lambda^2}{(4\pi)^2 \Sigma_x \Sigma_{x'} \Sigma_y \Sigma_{y'}} \tag{1-1}$$

因此，束团辐射的横向相干性越好，光源的亮度和功率也就越高。

此外根据亮度的定义，除了束团横向尺寸和散角会大幅影响辐射亮度，束团的纵向长度和能散（或纵向发射度）也同样会通过影响辐射能谱的形状，进而改变辐射频率在 $\omega \sim (\omega + \Delta\omega)$ 的光子数，从而改变辐射光源的亮度。比如，对纵向密度分布为高斯型的电子束，若其均方根束长为 σ_z，表征其辐射纵向相干性的聚束因子[12] 为

$$b(\lambda) = \mathrm{e}^{-\frac{1}{2}\left(\frac{2\pi\sigma_z}{\lambda}\right)^2} \tag{1-2}$$

束团长度缩短，相干辐射频率将往更高频方向移动，因此在高频部分的光子数增多，辐射亮度和功率也相应增加。

1.2   自由电子激光和同步辐射

作为加速器光源中的代表，自由电子激光（FEL）和同步辐射是现今 X 射线波段峰值亮度非常高的两种光源。其中 FEL 的峰值亮度高达 10^{35} ph/s/mrad^2/mm^2/0.1%bw[13]，第四代同步辐射亮度也达到 10^{23}ph/s/mrad^2/mm^2/0.1%bw[14]。然而，它们的实现方式却不尽相同：前者通过微聚束过程，很好地结合了辐射的横向相干性和纵向相干性；而后者则仅依赖于横向相干性的提升。

1.2.1   自由电子激光的纵向相干性

FEL 是当今 X 射线波段峰值亮度最高的人工光源，由 John Madey 于 1971 年提出[15]，其辐射波段可从太赫兹跨越至 X 射线。与同步辐射相比，它最大的特点是充分利用了纵向相干性。

FEL 纵向相干性来源于电子束在波荡器中的微聚束过程，如图 1.2 所示。这个微聚束过程可以在原本的宏束团内逐步形成一系列间隔为波荡器共振辐射波长的微束团，每个微束团的长度均小于辐射波长，根据 (1-2) 式，这些微束团辐射纵向相干性非常好，而所有微束团辐射场的相干叠加可以使辐射集中在很窄的带宽内，从而产生无与伦比的峰值辐射功率和亮度。事实上，从宏束团进入波荡器到最终微聚束完全形成（或 FEL 饱和出光）的整个过程，可以看作"波荡器对电子辐射的选频（共振辐射波长）、束内电子对选出频率的位置响应（微聚束）以及之后在选出频率上辐射相干叠加放大"的正反馈过程[16]。

经过 30 多年的发展，FEL 的运行机制已经非常丰富[17]，如表 1.1 所示。其中振荡器型和非预聚束的种子光直接驱动型 FEL 工作在低增益模式，其他机制的 FEL 则通常工作在高增益模式。振荡器型 FEL 与激光很相似，通过与光腔的相互结合，将 FEL 产生的光储存在光腔内，并作为下一个进入波荡器的电子束的种子光，进而得到不断放大。但这种方式受限于腔镜的反射率，在可见光范围之外难以找到合适的高反射率腔镜材料。高增益 FEL 无需光腔，在较长波荡器的作用下，电子仅需单次通过波荡器，相干辐射场在整个过程中即可呈指数形式放大并最终饱和出光，产生高亮度的辐射。这种方式不再受限于材料，可将辐射波长推至长波长的太赫兹或者短波长的 X 射线范围。然而，在往短波方向推进时，不易找到合适的种子光进行直接驱动。对 FEL 高增益模式的理论研究表明，尽管存在不稳定性，但 FEL 可以从束流的噪声中发展起来[18-19]，即所谓的自放大自发辐射（self-amplified spontaneous emission, SASE）。这个机制于 2000 年在实验上被证实[20]，并发展成短波长 FEL 的主要实现方案。

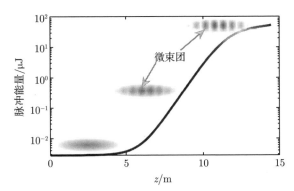

图 1.2　自由电子激光微聚束与辐射脉冲能量增长过程示意图

表 1.1　自由电子激光运行机制类型

外种子型	非预聚束	振荡器型
		种子光直接驱动
	预聚束	HGHG、EEHG、PEHG
无外种子型		SASE
		SASE 自种子运行

SASE 解决了短波长 FEL 的主要问题，辐射能谱也从同步辐射的连续或准连续谱变成了集中在部分频段的窄谱[21]。但由于起源于噪声，SASE 模式下的 FEL 纵向相干性和能谱单能性不好，每次出光的峰值功率和亮度存在较大的抖动，达到饱和出光所需要的波荡器长度也较长。因此，探索进一步提升纵向相干性的机制（尤其在短波长波段）是 FEL 研究工作中重要的一部分。

总体上，目前增强 FEL 纵向相干性的方法有两类。第一类是自种子模式（SASE）[21]，它采用两级波荡器，并将前一级产生的光经单色仪后作为后一级的种子光，从而增强纵向相干性，如图 1.3（a）所示。另一类则直接借助单能性较好的外种子光，要么进行直接驱动，要么先利用种子光和波荡器的调制作用在二维或四维相空间中操控束流，将宏束团预聚束成间隔为种子激光波长的一系列微束团，再送入波荡器进行高次谐波辐射，如图 1.3（b）所示。基于高次谐波生成的高增益谐波生成（high-gain harmonic generation，HGHG）[22-23] 方案是第二类方法中的代表。但它受限于调制深度和调制之后微束团的能散，只能在种子激光数次谐波范围内有效出光。采用两级高次谐波生成方案的回声增强型高次谐波放大（echo-enabled harmonic generation，EEHG）[24] 可以打破这种限制，将辐射提升至种子激光的数十次谐波，直接达到软 X 射线范围[25]。此外还有一些基于相位融合（phase merge）[26-27]、角色散调制（angular dispersion modulation，ADM）[28-30] 的四维相空间操控方案，可以产生更短的微束团，同样可将相干辐射延伸至数十次谐波。这些方法有一个类似的思想：根据初始宏束团在六维相空间中尺寸最小的维度，寻找一种相空间操控方法，使微聚束后微束团的长度仅仅依赖于该维度的尺寸，从而实现微束团束长的最小化和高次谐波的最大延伸[31]。

图 1.3　增强 FEL 纵向相干性的方法（前附彩图）
（a）SASE 自种子运行；（b）预聚束

得益于电子枪和阴极技术的发展，FEL 束流横向归一化发射度可低至亚微米，结合纵向的微聚束后，微束团辐射可同时具有很好的横向相干性和纵向相干性。这使得 X 射线波段的 FEL 峰值亮度相比同步辐射光源可高出近十个量级。但 FEL 重复频率较同步辐射光源低很多，目前新一代高重频电子枪和超导加速器的结合有望将 FEL 重复频率提升至兆赫兹水平。而针对进一步提升 FEL 束流能量利用效率和平均辐射功率的问题则催生了许多新方案，如能量回收型直线加速器（energy-recovery linac，

ERL ）[32-34] 和基于储存环的 FEL[30,35-38]。

1.2.2 同步辐射光源的横向相干性

同步辐射光源的主体是电子储存环，源于同步加速器的发展。自 1947 年同步辐射在通用电气实验室的同步加速器上被首次直接观察到后[39-41]，伴随着 1952 年 Ernest D. Courant 和 M. Stanley Livingston 等对横向强聚焦原理的提出[42]和成功应用[43]，以及 1956 年储存环概念的产生[44]，到现在同步辐射光源已经历了四代发展，环内束流稳态横向发射度不断降低，同步辐射横向相干性不断变好，亮度也不断增加[2,45]，如图 1.4 所示。

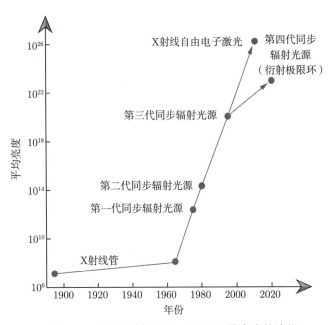

图 1.4 同步辐射光源和 FEL 平均亮度的演化

第一代同步辐射被称为"寄生辐射"，彼时正是高能物理发展的阶段，由于同步辐射几乎是同步加速器中高能粒子进一步提高能量的阻碍，在 20 世纪 50—70 年代，它一直被当成弊端对待。尽管有部分科学家利用它开展实验，但也仅仅是作为高能加速器的伴随产物而被动地利用。如当时在 DESY-I 6 GeV 的储存环上进行高能物理实验的同时，同步辐射波长已经降至 0.1 Å，研究人员开始将它用于金属和碱卤化物的吸收测量[40]。但由于尚未针对同步辐射进行优化，储存环内的束团在达到稳定后的横向发射度很大（一般在数百纳米水平），同步辐射亮度和横向相干性很差。

1974 年日本 INS-SOR 率先在东京建造了一台专门产生同步辐射的储存环，开启了第二代同步辐射光源（专用同步辐射装置）的建造[46]。之后，美国的 NSLS 和 Aladdin、日本 KEK 的光子工厂、德国柏林的 BESSY 等同步辐射装置相继在 20 世纪 80 年代落成并出光。这些装置主要以弯铁作为辐射器件，但为了提高辐射亮度并将辐射光子延伸至更短波长范围，波荡器和扭摆器被引入部分装置中，如斯坦福同步辐射实验室的 SPEAR 环[47-49]。第二代同步辐射光源内束团的横向发射度平均降至百纳米水平[50]。同步辐射横向相干性的提升搭配较强磁场弯铁、扭摆器的共同作用，使得其平均亮度达到 $10^{14} \sim 10^{15}$ ph/s/mrad^2/mm^2/0.1%bw。20 世纪 70—90 年代初，同步辐射光源的应用范围快速扩展至大量学科，对辐射波段在红外到硬 X 射线范围内的高品质同步辐射需求也急剧增加。一些用户和加速器专家敏锐地认识到，新一代的储存环可具有更低的发射度和更长的波荡器或扭摆器，进而实现更高的亮度，并且这样的同步辐射光可具备很好的空间相干性。

自此，储存环进入了依靠设计和优化全环磁聚焦结构（lattice）以降低储存环横向发射度的新阶段，即第三代同步辐射。这些装置主要以图 1.5 所示的双弯铁消色散结构（double-bend achromat，DBA）[51] 和三弯铁消色散结构（triple-bend achromat，TBA）[52] 为基础磁聚焦结构，搭配较多的直线节，并以直线节中的插入件（insertion device，ID，即波荡器或扭摆器）为主要的同步辐射产生器件，针对硬 X 射线、软 X 射线或者极紫外辐射做了专门亮度优化。1994 年，欧洲同步辐射装置（ESRF）成为第一个运行的第三代同步辐射光源，其运行能量为 6 GeV，可在硬 X 射线波段产生高亮度同步辐射。随后，如伯克利的 ALS (1.9 GeV)、韩国的 PLS (2 GeV)、美国阿贡国家实验室的 APS (7 GeV)、日本的 Spring-8 (8 GeV) 等设施均在 20 世纪 90 年代出光。图 1.6 给出了一些典型的第三代同步辐射光源的亮度谱[53]。由于大量插入件的使用，第三代同步辐射光源中阻尼作用较强；加之大量直线节的加入和 DBA、TBA 消色散结构的使用，使得环内的弯铁数目增加，单块弯铁偏转角减小，平衡的束团横向发射度普遍降至 10 nm，束团辐射横向相干性相比第二代同步辐射光源有了质的变化，平均辐射亮度也达到约 10^{20} ph/s/mrad^2/mm^2/0.1%bw，如图 1.4 所示。截至目前，全世界范围内已经有超过 50 台第三代同步辐射装置[54]，它们的信息可以通过网页[55] 查到。这些装置在生命科学、材料科学、环境科学等诸多领域发挥着不可替代的作用，且存在供不应求的状况。

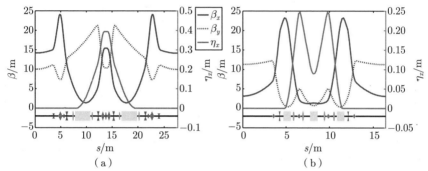

图 1.5　典型的（a）DBA 结构（APS 环）和（b）TBA 结构（ALS 环）（前附彩图）

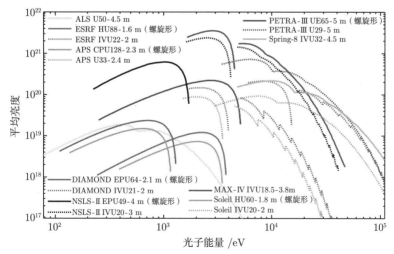

图 1.6　一些典型同步辐射光源平均亮度谱（前附彩图）

从图 1.6 中可以发现，在这些同步辐射装置中，PETRA-Ⅲ、NSLS-Ⅱ

和 MAX-IV 三台装置的亮度明显高于平均水平。这源于其较小的束流横向发射度。前两台装置主要依靠阻尼扭摆器（damping wiggler，DW）的作用，分别将横向发射度降低至 1 nm 和 0.5 nm；而第四代光源 MAX-IV 实现 0.3 nm 的方式则完全不同，它的磁聚焦结构相对前两者发生了很大的变化[53,56]。

根据对储存环内束流稳态发射度的理论分析，人们发现理论上最小的稳态束流水平发射度大致为[57-58]

$$\epsilon_x = \frac{1}{12\sqrt{15}} \left(\frac{M+1}{M-1} \right) C_q \gamma_c^2 \theta^3 \propto \frac{\gamma_c^2}{N_b^3}$$

其中 $C_q = \frac{55}{32\sqrt{3}} \frac{\hbar}{m_e c} = 3.84 \times 10^{-13}$ m 为一常数；θ 为平均单块弯铁的偏转角；M 为每个超周期内的弯铁数目；N_b 为全环弯铁数目。这个关系直接表明，进一步增加环内的弯铁数目可显著降低束流水平发射度，进而使辐射的横向相干性增加，将同步辐射亮度在第三代装置基础上再提升两个量级（见图 1.7[57-58] 中红线和蓝线），这便是第四代同步辐射装置。图 1.7 展示了目前世界范围内第四代同步辐射装置的概况。为增加环内的弯铁数目，降低色品不变量的均值，它们普遍采用多弯铁消色散结构（multi-bend achromat，MBA）[59-62]。如第一台四代同步辐射光源——MAX-IV 为 7BA，随后的 Sirius[63] 和 ESRF-EBS[64] 分别采用 5BA 和混合 7BA 将横向发射度降至 250 pm 和 135 pm，辐射亮度也超过 10^{22} ph/s/mrad^2/mm^2/0.1%bw。当束流的横向发射度减小至与同步辐射光的发射度接近甚至更小时，同步辐射横向相干性逼近衍射极限，亮度难以进一步依靠减小横向发射度提升。这样的储存环被称为"衍射极限环"（diffraction-limited storage ring，DLSR），最早由 Teng 等提出[9]。对于能量为 1 keV 的软 X 射线同步辐射，其波长 $\lambda = 1.24$ nm，衍射极限要求环内束团稳态横向发射度达到 99 pm 以下。这样的发射度目前尚未有装置可实现（见图 1.7），当前世界范围内已有以 APS-U（目标：42 pm）、PETRA-IV（目标：20 pm）为代表的许多装置拟通过升级的方式往第四代同步辐射装置过渡，国内也有以 HEPS（目标：小于 60 pm）为代表的新装置在建，X 射线波段的衍射极限环不久便会实现。当然，对于波长较长的同步辐射，如 13.5 nm 的极紫外光对应的衍射极限发射度为 1.1 nm，第三代同步辐射装置 PETRA-Ⅲ 和 NSLS-Ⅱ 就已经达到。

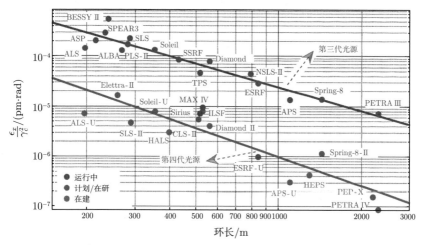

图 1.7　第三代和第四代同步辐射光源横向发射度对比（前附彩图）

随着同步辐射向衍射极限的逐渐逼近，进一步降低束流横向发射度对光源亮度的影响将越来越小。同步辐射光源亮度的进一步提升需要从操控辐射能谱的角度出发，比如通过减小束团的纵向发射度，增强波荡器辐射的单能性（纵向相干性），从而使一定带宽内的辐射光子数目增加，进而再次提升辐射亮度。

对于波长较短的同步辐射而言，在纵向上提升相干性并不容易。根据 (1-2) 式，较好的纵向相干性需要束团纵向长度接近或小于辐射波长。弱聚焦储存环中的束长可表示为[65]

$$\sigma_z = \sqrt{-\frac{E_c R_{56}}{eV_0 k \cos\phi_s} \sigma_\delta} \tag{1-3}$$

其中 E_c、V_0、k、ϕ_s 分别表示储存环标准电子的能量、射频（radio frequency，RF）峰值电压、射频波数和标准电子的同步相位；R_{56} 表示全环的动量压缩系数；σ_δ 是束团达到平衡时的能散，由储存环内弯铁的偏转半径决定。由此，缩短储存环内的束团长度一般有三种方法。第一种是采用频率较高的 RF（如 2856 MHz[66]），这种方法受限于 RF 腔的尺寸，频率不容易进一步提高。第二种方法则是降低全环 R_{56}，即所谓的 "低 α

模式"[12,67]。这种方法相对更有效，但当 R_{56} 降低至一定水平后，一种局部动量压缩效应便会阻止束团长度的进一步降低[68-69]。其物理原因在于，量子辐射的随机性导致电子在环上不同位置放出光子之后，回到观察点处的纵向位置也不同。包含局部动量压缩效应之后准确的束长可利用 SLIM[70-71] 及其衍生方法[72-73] 获得。第三种方法则是提高 RF 电压[74-77]。略微提高电压可以降低束长，但过大的电压可能会造成稳态纵向发射度增大，即便束长得到缩减，但束流的能散会大幅增长。最根本的解决方法与横向类似，即通过优化磁聚焦结构缩小稳态纵向发射度。总体上，当前运行的储存环中束团长度在毫米或亚毫米量级，这样的长度对于太赫兹辐射具有相当好的纵向相干性，但无法将纵向相干性推至更短波长的同步辐射。另有一些单发或者非稳态的提高同步辐射纵向相干性方法（如激光切片[78] 等），本书不做讨论。

综上所述，目前同步辐射光源已经可以在"水窗"波段实现横向的衍射极限，最新的第四代同步辐射装置可进一步推至更短的波长，达到软 X 射线范围。但较好的纵向相干性仅能维持在太赫兹波段。

1.3   SSMB 光源

可以预见，如果能够将 FEL 的高峰值功率和高纵向相干性与第四代同步辐射光源的高重复频率和逼近衍射极限的横向相干性相互结合，使微束团长期稳定地在储存环内发光，不仅可以大幅提升单束团辐射的峰值功率，甚至可以利用波荡器将微束团与微束团之间的辐射场相干叠加，从而使辐射从脉冲模式直接过渡到连续状态，进而成为具有高平均功率的新一代光源。这种在储存环内稳定地产生微聚束的方案被称为 SSMB。

SSMB 早期的方案称为"错列稳定区"（staggered bucket）[1,79]，需要足够大的纵向动力学孔径和层叠的稳定区域，其动力学在文献 [80] 中得到了详细讨论。这种方案不同于传统储存环中 $\hat{K} = \dfrac{eV_0}{E_c} kR_{56} \ll 1$ 的情况，属于单 RF 纵向强聚焦情形，即 $\hat{K}$ 接近甚至大于 1。在这样的强聚焦情况下，储存环纵向稳定区随 $\hat{K}$ 增加而不断减小，甚至一分为二。因而只要储存环纵向发射度足够小，环内的微束团将自然形成。但此时如果仍然采用波长较长的 RF，这样的微束团将导致较低的占空比和较小的流强。虽然短波长辐射的纵向相干性得以提升，但流强的下降将不利于辐射亮度和功率。为此，将 RF 往更短波长方向推进成为了必然。

FEL 理论表明，激光和波荡器组合成的激光调制器（laser modulator, LM）可以对束流产生周期为激光波长的能量调制，这使得我们可以用 LM 取代 RF，结合储存环的低纵向发射度设计，可将储存环内的束长缩短至数十纳米量级，如图 1.8 所示。目前，基于 LM 的 SSMB 一期原理性验证已经取得初步成果[81]，新一代全激光驱动的 SSMB 储存环也已完成初步设计，LM 弱聚焦下环内的稳态束长约 50 nm[82]，可将储存环同步辐射的纵向相干性推至紫外波段。为了在储存环内实现更短的束长，进一步将纵向相干性推至更短波长范围，可参照横向强聚焦设计，将强聚焦的思想引入纵向，使束团长度在纵向上大幅变化，局部位置可实现更短的束长。如采用双 LM 纵向强聚焦[79,83-84] 或者将图 1.3（b）中所示的各种预聚束方案与 LM 驱动的 SSMB 储存环相互结合，可在二维或者更高维度的相空间中操控束团，于储存环内实现稳态的纳米级长度的微束团，进而产生千瓦级的 EUV 光，突破基于激光等离子体（laser-produced plasma，LPP）方案所实现的百瓦级平均功率[85-87]，为下一代 EUV 光刻提供全新的 EUV 光源。

图 1.8 传统储存环与 SSMB 储存环的对比

（a）传统储存环；（b）SSMB 储存环

传统储存环在设计时出于对横向发射度优化的考虑，将更多的精力倾注于相关的横向动力学研究。但 SSMB 的主要目的是缩短环内束长，实现稳定的微束团，故更侧重于与纵向相关的动力学研究（如纵向发射度优化、横纵耦合束流操控等）；加之随着束团尺寸的减小，与之相关的集体不稳定性、相干辐射、量子激发等内容需要做更进一步的考虑。

1.4   本书的主要内容及创新点

1.4.1   本书的主要内容

本书围绕储存环纵向强聚焦动力学展开，主要讨论电子在储存环内典型器件中的纵向运动（如 LM）、储存环稳态纵向发射度的优化、双 RF 和双 LM 纵向强聚焦模式下的纵向动力学等，并基于此开展了首个 SSMB 纵向强聚焦储存环的设计，稳态束长达到 3 nm 以下，并可产生千瓦级极紫外辐射。

书中第 2 章主要介绍了电子储存环动力学的基本知识，包括电子的横纵向运动方程、线性情况下的解析解以及由此演变出的传输矩阵和束流包络函数，也对自动稳相原理、纵向动力学孔径等概念进行了回顾。在引出横向和纵向 Twiss 函数后，将三个维度的 Twiss 函数应用到平面型储存环单圈传输矩阵以及同步辐射和量子激发理论上，导出了包含纵向强聚焦单元的 6×6 单圈传输矩阵及储存环三个方向稳态平衡发射度在三维 Twiss 体系下的表达式。

第 3 章先阐述了 SSMB 的产生，接着对实现 SSMB 的两个关键因素——LM 元件和稳态纵向发射度优化逐一进行了深入分析。对 LM 建立了物理模型，理论分析了它在不同激光条件下的能量调制，并给出其纵向传输矩阵与激光和波荡器参数之间的解析关系，以及针对 LM 等效调制电压的最优化条件。之后提出了一种储存环纵向发射度优化方法，分析了典型的二极场型器件（如弯铁、波荡器、LM）对纵向发射度的贡献及优化方法。利用这些理论结果，可设计具有超低稳态纵向发射度的储存环。

第 4 章进行了双 RF 和双 LM 纵向强聚焦物理的讨论，详细分析了强聚焦模式下的稳定性条件、纵向动力学孔径特性，给出了双 RF 和双 LM 作用下储存环稳态纵向发射度和束团长度、能散的理论表达，并分析了它们对储存环参数的依赖情况。

第 5 章在第 4 章的理论基础上，开展了清华大学 SSMB-EUV 光源纵向强聚焦储存环的设计。结合自主编写的设计和优化程序，首先详细阐述了纵向强聚焦储存环的方案选择，其次利用优化程序对纵向强聚焦储存环的托歇克寿命和极紫外辐射功率做了深度的优化，最后模拟给出了小于 3 nm 的束长、2 000 s 的束流寿命和千瓦级的极紫外光。

第 6 章仔细分析了电子束在波荡器中的相干辐射特性，给出了具有任意六维相空间分布的电子束在波荡器中相干辐射的能谱和功率，以及快速计算的方法；同时阐述了 SSMB 中纳米长度的微束团的极紫外辐射特性。

第 7 章进行了总结，并展望了下一步工作的方向及 SSMB 纵向强聚焦的发展。

1.4.2　本书工作的创新点

本书创新点包括：

1. 提出了一套优化储存环稳态纵向发射度的方法，给出了储存环纵向发射度优化的步骤。该方法可给出储存环磁聚焦结构稳态纵向发射度的极小值。

2. 建立了双 RF 和双 LM 在储存环内的纵向强聚焦理论，并基于此完成了清华大学 SSMB-EUV 光源纵向强聚焦储存环的设计，模拟实现了长度小于 3 nm 的稳态微束团以及千瓦级的极紫外辐射。

3. 构建了 LM 的物理模型，首次给出其纵向传输矩阵与激光和波荡器参数的解析关系，同时给出 LM 对纵向发射度贡献的计算方法。

4. 首次给出了具有任意六维相空间分布的束团在波荡器内的相干辐射能谱和功率的解析公式，可在 SSMB 和 FEL 中用于快速计算真实束团的辐射能量和功率。

第 2 章 电子储存环动力学的三维 Twiss 描述

电子储存环是一种在较长时间内能稳定储存高能量电子束的装置,并可不断地累积电量,使环内流强不断增加,达到预定目标。此过程中,环内高频回旋的电子束在经过弯铁、波荡器等磁铁元件时,会产生高品质同步辐射。辐射亮度、相干性等参数与储存环所能实现的稳态束团状态密切相关。第四代储存环光源亮度比第三代高出两个量级以上,这源于四代环特殊的横向磁聚焦结构设计,使得储存环稳态束团横向发射度较三代环降低了约两个量级,达到 1 nm 以下。然而相对横向而言,储存环纵向聚焦主要依靠 RF 完成。由于 RF 波长在米量级,纵向聚焦能力较弱;加之涉及同步问题,一般仅在环内放置一个或少数几个 RF。因而储存环纵向聚焦结构相对较简单,针对纵向的设计也相对较少。而对于激光驱动的新型 SSMB 储存环,更短的波长和更强的纵向聚焦使得纵向的设计和优化变得不可或缺。

本章回顾了电子在储存环内的运动,包括横向和纵向的运动方程、线性情况下的解析解以及由此演变出的束流包络函数。为更加方便地处理储存环的纵向设计和优化问题,在引出横向和纵向 Courant-Snyder 参数后,本书将三个维度的 Twiss 函数应用到平面型储存环单圈传输矩阵上,得到包含纵向聚焦作用的 6×6 单圈传输矩阵在三维 Twiss 参数下的表达式。据此,可直接通过环内各处的单圈传输矩阵分析当地的色散和三维 Twiss 函数。相比一般需首先去掉纵向聚焦元件再进行分析的过程,此方法更直接、简便、快速;其次,横向及纵向的 Courant-Snyder 参数共同构成了一个完整的三维 Twiss 体系,将其与同步辐射和量子激发理论结合分析,可导出束团在储存环内三个方向稳态时的平衡发射度。

2.1　电子在储存环内的运动

2.1.1　坐标系和场的基本假设

在加速器物理学中，考虑到束团的整体运动，在分析时一般会选定一个粒子作为参考，而束团内其他粒子的状态则均以此参考粒子为标准。这样做的好处在于，当其他粒子与标准粒子之间的偏差较小时，几乎所有分析过程均可以被线性化，从而大幅简化问题复杂度。以电子储存环为例，在设计时首先选取一定能量（E_c，相应动量为 p_c，速度为 β_c）的电子作为参考，使这个电子在环内的运动与 RF 相位呈现完全同步的状态，并将这个电子称为"标准电子"，而它运动的轨道则称为"标准轨道"，其他电子的六维相空间坐标 $\boldsymbol{X} = (x, x', y, y', z, \delta)$ 均相对此电子而言，如图 2.1 所示。在本书中我们约定：带角标"c"的量表示标准电子，符号"$'$"等价于 $\dfrac{\mathrm{d}}{\mathrm{d}s}$。$s$ 定义为电子沿着环向或角向的位置，它以电子运动一周的周长 C_{ring} 为周期。那么相对纵向坐标 $z = s - s_c$，其中 s_c 为标准电子沿着环向的位置。$\delta = \dfrac{p}{p_c} - 1$，表示与标准电子动量之间的偏差。一般情况下，电子在径向、垂直方向（轴向）和纵向相对标准电子的位移偏差 x、y 和 z 与回旋半径 $\rho(s)$ 相比很小（x、y 和 z 一般在毫米量级或以下，而 $\rho(s)$ 在 1 m 以上）。

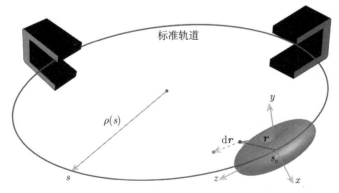

图 2.1　储存环电子坐标系示意图

注：s_c 为标准电子沿环向位置。

而对于环内的磁铁，通常在设计和安装时会将磁场中心（或中心平面）调整到与标准轨道（或者标准轨道面）重合，因而对于环内的磁场，可以做以下假设[88-89]：

1. 磁场为静态场，即满足 $\nabla \cdot \boldsymbol{B} = 0$、$\nabla \times \boldsymbol{B} = 0$。

2. 储存环内磁铁的磁标势关于垂直方向反对称，即 $-\Phi(x,y,s) = \Phi(x,-y,s)$。用磁场分量表示为：$B_x(x,y,s) = -B_x(x,-y,s)$；$B_y(x,y,s) = B_y(x,-y,s)$；$B_z(x,y,s) = -B_z(x,-y,s)$。

据此，结合麦克斯韦方程组，$2n+2$ $(n = 0,1,2,\cdots)$ 极磁铁的强度定义为

$$K_n(s) = \frac{K_0(s)}{B_c(s)} \frac{1}{n!} \left.\frac{\partial^n B_y}{\partial x^n}\right|_{x=y=0}$$

其中 $K_0 = \dfrac{1}{\rho_c(s)}$，$B_c(s)$ 为标准轨道上的磁场。那么三个方向的磁场可以用泰勒级数展开形式表示成

$$B_x(x,y,s) = \frac{p_c}{e}\left[K_1(s)y + 2K_2(s)xy + O(x^3)\right]$$

$$B_y(x,y,s) = \frac{p_c}{e}\left\{K_0 + K_1(s)x + K_2(s)x^2 - \right.$$
$$\left.\left[\frac{K_0''}{2} + \frac{K_0}{2}K_1(s) + K_2(s)\right]y^2 + O(x^3)\right\}$$

$$B_z(x,y,s) = \frac{p_c}{e}\left\{K_0'y + [K_1'(s) - K_0K_0'(s)]xy + O(x^3)\right\}$$

这里 e 为电子电荷量。B_x 中与 x 有关的项和 B_y 中与 y 有关的项会引起电子在储存环内运动时的横向耦合，在平面型储存环内不包含这样的磁铁。另外，注意到磁场纵向分量各项系数均与纵向梯度有关，对沿纵向分布均匀的磁铁，磁场不存在纵向分量。

在本书中，我们主要讨论由沿纵向分布均匀的磁铁所组成的平面型储存环和纵向聚焦元件放置于无色散段内的情况。此时，环内电子在 x、y 和 z 三个方向的运动可以相对独立地分别讨论。但由于电子在 x 和 y 方向的运动统称为"横向运动"，它们存在相似性，且主要由具有横向聚焦特性的四极场控制；而束流在纵向的运动主要依靠动量压缩效应和具

有纵向聚焦特性的纵向聚焦元件如 RF 或激光调制器（LM）完成，下面将从横向和纵向分别回顾电子在环内的运动。

2.1.2　横向运动

电子在磁场中运动时，无任何近似的横向运动方程可以从基本的洛伦兹方程出发获得。这里只对推导做简述，详细过程可参考文献 [88-89]。

如图 2.1 所示，设电子动量大小为 p，在 t 时刻的坐标为 $\boldsymbol{r} = x\hat{\boldsymbol{x}} + y\hat{\boldsymbol{y}} + z\hat{\boldsymbol{z}}$，$\hat{\boldsymbol{x}}$、$\hat{\boldsymbol{y}}$ 和 $\hat{\boldsymbol{z}}$ 分别为三个方向的单位矢量，在 t 至 $t+\mathrm{d}t$ 时刻的位移为 $\mathrm{d}\boldsymbol{r} = \hat{\boldsymbol{x}}\mathrm{d}x + \hat{\boldsymbol{y}}\mathrm{d}y + \hat{\boldsymbol{z}}(1 + K_0 x)\mathrm{d}z$，位移的大小用标量 $\mathrm{d}r$ 表示，那么电子的速度矢量可以表示成 $\boldsymbol{v} = \dfrac{\mathrm{d}\boldsymbol{r}}{\mathrm{d}r}v$。用它替换洛伦兹方程中的速度矢量，并结合关系：$\dfrac{\mathrm{d}\boldsymbol{r}}{\mathrm{d}r} = \dfrac{\boldsymbol{r}'}{r'}$ 以及 $\hat{\boldsymbol{x}}' = K_0\hat{\boldsymbol{z}}$、$\hat{\boldsymbol{y}}' = 0$、$\hat{\boldsymbol{z}}' = -K_0\hat{\boldsymbol{x}}$，该电子在磁场中的横向运动方程为

$$
\begin{cases}
x'' - K_0(1 + K_0 x) - \dfrac{x'\left[x'^2 + y'^2 + (1 + K_0 x)^2\right]'}{2r'^2} \\
= \dfrac{e}{p}[y'B_z - (1 + K_0 x)B_y]r' & \text{(2-1a)} \\[4mm]
y'' - \dfrac{y'\left[x'^2 + y'^2 + (1 + K_0 x)^2\right]'}{2r'^2} \\
= \dfrac{e}{p}[(1 + K_0 x)B_x - x'B_z]r' & \text{(2-1b)}
\end{cases}
$$

此式在推导过程中未做任何近似处理，适用于任意能量的电子和磁场。储存环各种元器件传输矩阵的线性和非线性矩阵元均可从此式出发获得，但必须做进一步的泰勒截断处理。

将 2.1.1 节描述的磁场泰勒展开式代入 (2-1) 式中，再采用泰勒截断可以获得低阶情形下电子运动的解析解。如保留到二阶精度的电子横向运动方程为

$$
\begin{cases}
x'' + \left[K_0^2 + K_1(s)\right]x \\
= K_0\delta - \left[\dfrac{3}{2}K_0^3 + 2K_0K_1(s) + K_2(s)\right]x^2 + K_0'xx' + \\
2K_0^2 + K_1(s)x\delta + \dfrac{1}{2}\left[K_0'' + K_0K_1(s) + 2K_2(s)\right]y^2 + \qquad\text{(2-2a)} \\
\dfrac{1}{2}K_0x'^2 + K_0'yy' - \dfrac{1}{2}K_0y'^2 - K_0\delta^2 \\
y'' - K_1(s)y = 2\left[K_0K_1(s) + K_2(s)\right]xy + K_0x'y' + K_0'xy' - \\
K_0'x'y - K_1(s)y\delta \qquad\qquad\qquad\qquad\qquad\qquad\text{(2-2b)}
\end{cases}
$$

此两式右侧均存在数个二阶耦合项，每一项分别对应二阶 $\boldsymbol{T}$ 矩阵的一个矩阵元，如驱动项 $-K_0\delta^2$ 表征 δ 平方对 x 和 x' 的影响（即 T_{166} 和 T_{266} 项），要处理它们并不容易，储存环二阶非线性设计很大程度上是降低这些耦合驱动项的影响。下面我们主要回顾横向的线性运动及其解。

1. 垂直方向线性运动

线性情况下，忽略 (2-2b) 式右侧的二阶项，进而得到垂直方向的线性运动方程

$$
y'' - K_1(s)y = 0 \qquad\qquad\qquad\qquad\qquad\text{(2-3)}
$$

电子处在四极场梯度 $K_1(s) = 0$ 的位置时（比如直线段、理想弯铁内等），垂直方向是简单的漂移运动。用 y_i 和 y_i' 表示垂直方向初始状态，那么电子的运动可表示成

$$
\begin{bmatrix} y \\ y' \end{bmatrix} = \begin{bmatrix} 1 & s \\ 0 & 1 \end{bmatrix} \begin{bmatrix} y_i \\ y_i' \end{bmatrix}
$$

在四极铁内时，假定 $K_1(s)$ 沿纵向分布均匀，那么 (2-3) 式的解可以表示成

$$
\begin{bmatrix} y \\ y' \end{bmatrix} = \begin{bmatrix} \cos\left(\mathrm{i}\sqrt{K_1}s\right) & \dfrac{-\mathrm{i}}{\sqrt{K_1}}\sin\left(\mathrm{i}\sqrt{K_1}s\right) \\ -\mathrm{i}\sqrt{K_1}\sin\left(\mathrm{i}\sqrt{K_1}s\right) & \cos\left(\mathrm{i}\sqrt{K_1}s\right) \end{bmatrix} \begin{bmatrix} y_0 \\ y_0' \end{bmatrix}
$$

i 为虚数单位。当 $K_1 > 0$ 时，电子在 y 方向的运动发散；反之则为正余弦振荡运动。注意到电子在元件入口和出口之间的关系可以用一个矩阵来表述，这个矩阵称为元件的"传输矩阵"，用 $\boldsymbol{R}$ 表示。对多个元

件组成的传输线, 总传输矩阵 M 可以依次用矩阵的左乘连接而得, 即
$M = R_n \cdots R_i \cdots R_2 R_1$。

2. 水平方向线性运动

电子在径向的运动相比垂直方向而言要复杂一些, 但分析方法类似。
线性情况下, 同样忽略 (2-2a) 式右侧的二阶项, 电子在 x 方向的一阶运
动方程为

$$x'' + \left[K_0^2 + K_1(s) \right] x = K_0 \delta \tag{2-4}$$

对于 $\delta = 0$ 或不含二极场的磁铁元件, 电子在径向的运动与垂直方向类
似。考虑存在能量偏移的情况, 电子在径向的运动将包含振荡运动和由于
能量偏移带来的运动两部分。因而可将电子的径向运动 x 分成 x_δ 和 x_β,
即 $x = x_\delta + x_\beta$, 其中 x_δ 由能量偏移带来, 而 x_β 则是自由振荡项。如此,
方程 (2-4) 变成

$$\begin{cases} x_\delta'' + K_x(s)x_\delta = K_0\delta & \text{(2-5a)} \\ x_\beta'' + K_x(s)x_\beta = 0 & \text{(2-5b)} \end{cases}$$

其中 $K_x(s) = K_0^2(s) + K_1(s)$。自由振荡与垂直方向运动完全类似, 但与
能散有关的运动 x_δ 由于含有驱动项, 需要特别处理。对于小的能量偏移,
建立如下的定义

$$x_\delta(s) = \eta_x(s)\frac{\Delta p}{p_c} = \eta_x(s)\delta \quad \rightarrow \quad \eta_x'' + K_x(s)\eta_x = K_0(s)$$

方程 $\eta_x(s)$ 即为色散函数, 表征动量 (或能量) 偏差引起的水平位移 x_δ
与动量偏移量 δ 的依赖关系。在分离函数弯铁中, $K_1(s) \equiv 0$, K_0 为常
量, 此色散方程的解为

$$\begin{bmatrix} \eta_x(s) \\ \eta_x'(s) \end{bmatrix} = \begin{bmatrix} \cos(sK_0) & \dfrac{1}{K_0}\sin(sK_0) \\ -K_0\sin(sK_0) & \cos(sK_0) \end{bmatrix} \begin{bmatrix} \eta_{xi} \\ \eta_{xi}' \end{bmatrix} +$$

$$\begin{bmatrix} \dfrac{1}{K_0}[1 - \cos(sK_0)] \\ \sin(sK_0) \end{bmatrix}$$

这里 $\eta_{x\mathrm{i}}$ 和 $\eta'_{x\mathrm{i}}$ 表示入口处的色散和色散导数。而在纵向均匀的四极铁内，色散函数的变化所满足的关系则与 x_β 完全一致。在得到色散函数和自由振荡以后，电子总的水平运动将可表示成

$$\begin{cases} x(s) = x_\beta(s) + \eta_x(s)\delta \\ x'(s) = x'_\beta(s) + \eta'_x(s)\delta \end{cases}$$

2.1.3 纵向运动

1. 局部和全环动量压缩系数

色散函数除表征动量偏差 δ 与由其造成的横向位置偏移 x_δ 的关系外,还与电子的相对纵向位置关联在一起。利用几何关系可知,任意电子的相对纵向位置微元 $\mathrm{d}z$ 与 $\mathrm{d}s$ 之间满足 $\mathrm{d}z = \left[\dfrac{1}{\beta} \sqrt{\left(1 + \dfrac{x}{\rho}\right)^2 + x'^2 + y'^2} - \dfrac{1}{\beta_c} \right] \mathrm{d}s$。忽略 x' 和 y' 的作用,仅考虑位置偏差的影响,可以得到纵向运动的一阶微分方程

$$z' = -K_0 x(s) + \frac{\delta}{\gamma_c^2} \tag{2-6}$$

由于坐标系的特殊性，弯铁在所有级次场型的元件中非常特殊[90]。原因在于，在其他绝大部分元件中，电子纵向的位置相对标准电子的变化都只与能量偏差有关，即经过距离 Δs 后，$\Delta z = \dfrac{\delta}{\gamma_c^2}\Delta s$。但在纵向均匀的弯铁中，会多出由于偏转作用和坐标系旋转带来的额外贡献。代入 $x(s)$ 并积分可得

$$z = -x_\mathrm{i} \sin(sK_0) - \frac{x'_\mathrm{i}}{K_0} \left[1 - \cos(sK_0)\right] + \frac{1}{K_0}\left[-\beta_c^2 sK_0 + \sin(sK_0)\right]\delta + z_\mathrm{i}$$

右侧第一项源于水平方向初始位置差异导致的电子在弯铁中的运动路径差；而第二项则源于初始入射角的偏差；第三项则是弯铁的动量压缩效应，表征不同能量的电子由于运动轨道长度不同和坐标系的旋转共同导致的纵向位置变化。前两项与电子初始横向状态相关，是横纵耦合项。在

色散不为零的位置，这两项的作用会通过色品不变量耦合到束长，造成束长的额外贡献。

根据 (2-6) 式，如果仅考虑动量偏差 δ 对纵向位置的影响，可以发现线性情况下 $z_\delta(s) = r_{56}(s)\delta$，其中

$$r_{56}(s) = -\int_0^s \frac{\eta_x(\hat{s})}{\rho_c(\hat{s})} - \frac{1}{\gamma_c^2}\mathrm{d}\hat{s} \tag{2-7}$$

表示 $0\sim s$ 的局部动量压缩系数。对于完整的储存环一周（$s = C_{\mathrm{ring}}$），则称为"全环动量压缩系数"，用 R_{56} 表示。

2. RF 的纵向聚焦特性

在束流传输中，对束流纵向长度操控常用的办法是速度压缩和磁压缩。前者适用于束流能量较低的情况。在能量较高的情况下，束流内电子与电子之间速度差别较小，仅靠漂移段的动量压缩效应难以操控束团的纵向尺寸，为了加剧动量压缩效应以及缩短空间长度，可采用磁压缩方案，如图 2.2（a）所示。无论速度压缩还是磁压缩，核心均为压缩前束团必需存在头部能量低、尾部能量高的啁啾。这个能量啁啾一般用 RF 的能量调制功能实现，在束流经过 RF 后，能量啁啾的强度为

$$h = \frac{eV_0}{E_c}k = \frac{eV_0}{E_c}\frac{2\pi}{\lambda_{\mathrm{m}}} \tag{2-8}$$

这里 V_0 为峰值调制电压，λ_{m} 为调制 RF 的波长。具有能量啁啾的束团在接下来的纵向漂移过程中，束团长度会出现相应的压缩（图 2.2（a））或拉伸（图 2.2（b）），因而 RF 在纵向上具有聚散焦的功能，类似于四极铁在横向的作用。h 的符号（或束团经过能量调制器件时的相位）和纵向漂移段的 r_{56} 共同决定了 RF 纵向的聚散焦特性。$r_{56} > 0$ 时，$h > 0$ 为散焦，$h < 0$ 为聚焦；r_{56} 反号后，纵向聚散焦特性也相反。h 的大小表征 RF 的纵向聚焦强度，等效的焦距为 $\frac{1}{|h|}$。对通常频率为 500 MHz 或 2856 MHz 的 RF 而言，由于波长较长，提升纵向聚焦强度较难。采用波长较短的调制方式，如 LM 或其他短波长的纵向聚焦元件，聚焦强度可以更强。但这些新型纵向聚焦元件的能量调制过程也可能更复杂，如 LM 的能量调制作用将在第 3 章专门讨论。

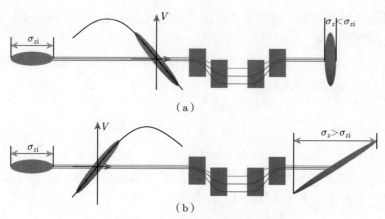

图 2.2   RF 的纵向聚焦和散焦特性

（a）纵向聚焦；（b）纵向散焦

设束团初始束长和能散分别为 σ_{zi}、$\sigma_{\delta i}$，纵向聚焦元件到观察点处的动量压缩系数为 r_{56}，且纵向聚焦元件和观察点处均无色散，那么观察点处的束长可表示为

$$\sigma_z^2 = \left(1 + h r_{56}\right)^2 \sigma_{zi}^2 + r_{56}^2 \sigma_{\delta i}^2$$

在焦点 $1 + h r_{56} = 0$ 处的束长最短，为 $\sigma_z = \dfrac{\sigma_{\delta i}}{|h|}$，它只与聚焦强度和束团初始能散有关。此时束团能散 $\dfrac{\sigma_\delta^2}{\sigma_{\delta i}^2} = \dfrac{\sigma_{zi}^2}{\sigma_z^2} + 1$，在较大压缩倍数情形下，基本可认为束团长度压缩倍数和能散增长倍数相同。

3. 自动稳相原理

前文仅仅讨论了束团在环内局部的纵向运动，现在考虑电子在全环的纵向运动情况。储存环磁聚焦结构一旦确定，其中弯铁的磁场强度也随之固定，但此固定大小的磁场强度对不同能量偏差的电子具有不同的偏转能力。$\delta > 0$ 的电子回旋轨道在标准轨道外侧，而 $\delta < 0$ 的电子轨道则在内侧，这样所造成的轨道长度差别会引起非标准电子在能量和纵向位置上均围绕标准电子振荡，出现自动稳相效应。

假定环内只存在一个纵向聚焦元件，且置于无色散位置。它对所经过的电子产生幅度为 $\Delta\delta = \dfrac{eV_0}{E_c}\beta_c^2 \sin\left(kz + \phi_s\right)$ 的能量调制。ϕ_s 是标准电子的同步相位，它源于电子在环内回旋时同步辐射能量损失的补偿，即单圈的辐射损失 $U_0 = eV_0 \sin\phi_s$。用 R_{56} 表示全环动量压缩系数，n 表示电子回旋的圈数，那么当电子单圈能量调制幅度较小时，非标准电子的运动可以描述为

$$\begin{cases} \dfrac{\mathrm{d}\delta}{\mathrm{d}n} = \dfrac{eV_0}{E_c}\beta_c^2\left[\sin\left(kz+\phi_s\right) - \sin\phi_s\right] \\ \dfrac{\mathrm{d}z}{\mathrm{d}n} = R_{56}\delta \end{cases} \tag{2-9}$$

图 2.3 展示了 (2-9) 式所描述的物理过程：在全环 R_{56} 大于零的情况下，初始 $\delta < 0$ 的电子轨道半径小，回旋一圈后相对标准电子可以先到达纵向聚焦元件处（$z < 0$），此时纵向聚焦元件的能量调制作用可直接将电子能量偏差调制成 $\delta > 0$；在紧接着的下一圈，回旋轨道半径将大于标准电子，因而此次回旋时间较标准电子更长，再次到达纵向聚焦元件处时，感受到的能量调制又可变成 $\delta < 0$。如此往复循环，最终非标准电子在纵向上将围绕标准电子做振荡运动。

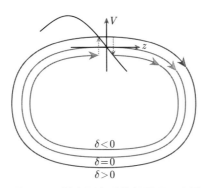

图 2.3　储存环自动稳相原理示意图

在小振幅情况下，(2-9) 式可以线性化为标准的振荡方程

$$\frac{\mathrm{d}^2 z}{\mathrm{d}n^2} = hR_{56}\beta_c^2\cos\phi_s \cdot z$$

因而电子平均每回旋一圈的振荡次数为

$$\nu_z = \frac{1}{2\pi}\sqrt{-hR_{56}\beta_c^2\cos\phi_s}$$

ν_z 也被称为同步振荡频数（synchrotron oscillation tune）。当 $-hR_{56}\cos\phi_s < 0$ 时，电子的纵向运动是不稳定的。

4. 纵向动力学孔径

同横向类似，电子在纵向的同步振荡频数是振幅的函数，这种现象称为"振幅依赖的振荡频数偏移"（amplitude dependent tune shift，ADTS）[91-92]。这个效应使得电子只能稳定在与标准电子能量和位置偏差一定程度范围内，即纵向稳定区或纵向动力学孔径。

在纵向聚焦强度比较弱的情况或 $|hR_{56}| \ll 1$ 时，纵向稳定区的形状可以通过分析 (2-9) 式的势能得到，图 2.4（a）和（b）展示了弱聚焦情况下典型的纵向稳定区。当 $\phi_s = \pi$ 时，整个稳定区关于中心对称；但随着 ϕ_s 逐渐减小，它变得不再对称，呈现出躺平的水滴形状，且整个稳定区的高度也变小。利用势能分析，可以得到弱聚焦下的纵向稳定区高度为

$$\delta_{\max} = \sqrt{1 - \left(\frac{\pi}{2} - \phi_s\right)\tan\phi_s}\sqrt{-\frac{4h\cos\phi_s}{k^2 R_{56}}}$$

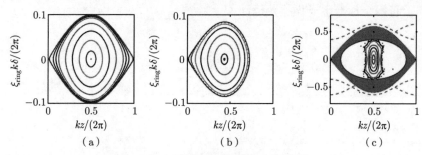

图 2.4　不同情况下的纵向动力学孔径

（a）弱聚焦，$hR_{56} = 0.098$，$\phi_s = \pi$；（b）弱聚焦，$hR_{56} = 0.098$，$\phi_s = \pi - 0.2$；（c）强聚焦，$hR_{56} = 3.5$，$\phi_s = \pi$

然而，当 $|hR_{56}|$ 接近甚至超过 1，纵向的运动从弱聚焦过渡到强聚焦，电子在纵向聚焦元件中能量调制的强烈非线性使得纵向稳定区变得不再如弱聚焦一样规整，这个稳定区已经完全与横向动力学孔径类似，此时不再称为"纵向稳定区"，而直接称为"纵向动力学孔径"（longitudinal dynamic aperture，LDA）。在纵向强聚焦情况下，电子经过纵向聚焦元件时，单次的能量调制幅度可以很大，(2-9) 式已经无法描述能量偏差较大的电子，更准确可靠的方式是直接采用迭代映射，并开展对迭代关系的哈密顿量分析。

全环只有一个纵向聚焦元件时，迭代映射的哈密顿量为[80,93]

$$H(t) = \frac{(kR_{56}\delta)^2}{8\pi^2} + \frac{hR_{56}}{4\pi^2} \sum_{n=-\infty}^{\infty} \cos\left(kz - nt\right)$$

正则扰动分析指出，此哈密顿量包含共振点，如整数共振，$kR_{56}\delta = 2n\pi$，相应的共振小岛高 $\frac{\sqrt{hR_{56}}}{\pi}$；半整数共振，$kR_{56}\delta = (2n+1)\pi$，相应的共振小岛高 $\frac{hR_{56}}{4\pi}$；三阶共振，$kR_{56}\delta = \frac{2n\pi}{3}$，相应的共振小岛高 $\frac{9.3}{(2\pi)^3}(hR_{56})^{1.5}$；相邻两个共振小岛边界线交叠区域属于不稳定区，电子在不稳定区的运动呈混沌状态。图 2.4（c）给出了当 $hR_{56} = 3.5$ 时的 LDA（正中心部分）和理论稳定区（中心白色椭圆区域）。灰色点线围成区域为 $n = 0$ 的整数共振区，虚线为半整数共振区，阴影部分为共振小岛的交叠部分，即混沌区。理论的 LDA 高度与真实情况比较接近，但宽度差别较大。LDA 强烈依赖于纵向聚焦强度或者 hR_{56} 取值，与 hR_{56} 在 $(0,4)$ 区间的情况不同，当 $4 < hR_{56} < 2\pi$ 时，原本的整数共振小岛会一分为二[80]。

全环含有多个纵向聚焦元件的情况更加复杂，哈密顿量的表达已经很难给出，纵向动力学孔径的获得需采用迭代映射的方法。

2.2 六维传输矩阵的三维 Twiss 描述

线性情况下，元件或者束线对束流的作用可以用传输矩阵描述。传输矩阵中的每个矩阵元由所有元件的具体参数决定，它们还可以用 Courant-Snyder 参数表述。本节将对横向的 Courant-Snyder 参数进行介绍，并引入其对应纵向的参量，给出六维传输矩阵在这种完整三维参数体系下的形式。

2.2.1 横向 Courant-Snyder 参数

垂直方向的振荡方程 (2-3) 式和水平方向自由振荡方程 (2-5b) 式具有相同的形式：$x'' + K(s)x = 0$，前面的求解均假定了 $K(s)$ 为常量，但此方程具有一般解，为

$$x(s) = a\sqrt{\beta_x(s)} \cos[\phi_x(s) + \phi_{x\mathrm{i}}] \tag{2-10}$$

其中 a 和 $\phi_{x\mathrm{i}}$ 为常数，$\phi_x(s) = \displaystyle\int_0^s \frac{\mathrm{d}\hat{s}}{\beta_x(\hat{s})}$，而 $\beta_x(s)$ 所满足的关系式为

$$2\beta_x\beta_x'' - \beta_x'^2 + 4K(s)\beta_x^2 = 4$$

与 $K(s)$ 成对应关系。进一步定义与 $\beta_x(s)$ 相关的两个量：$\alpha_x(s) = -\dfrac{1}{2}\dfrac{\mathrm{d}\beta_x(s)}{\mathrm{d}s}$、$\gamma_x(s) = \dfrac{1 + \alpha_x^2(s)}{\beta_x(s)}$，它们与 $\beta_x(s)$ 和 $\phi_x(s)$ 统称为"Courant-Snyder 参数"，又名"Twiss 参数"。$\beta_x(s)$ 表征电子横向振荡振幅的大小。根据 (2-10) 式，在环内的电子以 s 为起点运动一周后的横向偏移 $\Delta x(s) = a\sqrt{\beta_x(s)}\left[\cos(\phi_x(s) + 2\pi\nu_x + \phi_{x\mathrm{i}}) - \cos(\phi_x(s) + \phi_{x\mathrm{i}})\right]$，其中 $\nu_x = \dfrac{1}{2\pi}\displaystyle\int_s^{s+C_{\mathrm{ring}}} \frac{\mathrm{d}\hat{s}}{\beta_x(\hat{s})}$ 是电子单圈平均横向振荡次数，即横向同步振荡频数。$\alpha_x(s)$ 与 $\beta_x(s)$ 的导数相关，表征电子振幅随 s 的变化情况。$\alpha_x(s) > 0$ 意味着电子的横向振幅在缩小，$\alpha_x(s) = 0$ 对应电子横向相空间为正椭圆。$\gamma_x(s)$ 则表征电子横向散角的振幅，与 $\beta_x(s)$ 类似，电子以环上一点 s 为起点运动一周后的横向散角偏移在每一次回旋后不变。用初值 x_i 和 x_i' 代替常数 a 和 $\phi_{x\mathrm{i}}$，(2-10) 式可改写成

$$
\begin{bmatrix} x \\ x' \end{bmatrix} =
$$

$$
\begin{bmatrix}
\sqrt{\dfrac{\beta_x}{\beta_{x\mathrm{i}}}}\left(\cos\phi_x + \alpha_{x\mathrm{i}}\sin\phi_x\right) & \sqrt{\beta_x\beta_{x\mathrm{i}}}\sin\phi_x \\[2ex]
\dfrac{\alpha_{x\mathrm{i}} - \alpha_x}{\sqrt{\beta_x\beta_{x\mathrm{i}}}}\cos\phi_x - \dfrac{1 + \alpha_x\alpha_{x\mathrm{i}}}{\sqrt{\beta_x\beta_{x\mathrm{i}}}}\sin\phi_x & \sqrt{\dfrac{\beta_{x\mathrm{i}}}{\beta_x}}\left(\cos\phi_x - \alpha_x\sin\phi_x\right)
\end{bmatrix}
\begin{bmatrix} x_\mathrm{i} \\ x_\mathrm{i}' \end{bmatrix}
$$

其中 $\alpha_{x\mathrm{i}}$、$\beta_{x\mathrm{i}}$ 分别为初始位置处的 Courant-Snyder 参数。对于周期结构的磁聚焦结构，即 $x(s + L) = x(s)$、$x'(s + L) = x'(s)$，此结果可以大幅简化：

$$\begin{bmatrix} x(s+L) \\ x'(s+L) \end{bmatrix} = \begin{bmatrix} \cos\phi_x + \alpha_x(s)\sin\phi_x & \beta_x(s)\sin\phi_x \\ -\gamma_x(s)\sin\phi_x & \cos\phi_x - \alpha_x(s)\sin\phi_x \end{bmatrix} \begin{bmatrix} x(s) \\ x'(s) \end{bmatrix}$$

这里 L 表示周期长度。对储存环而言，$L = C_{\text{ring}}$ 是最大的周期。由于一个周期结构的传输矩阵的迹为 $2\cos\phi_x$，恒小于等于 2。因此，如果电子在一个传输矩阵的迹大于 2 的周期结构内做循环运动，那么这个运动将是不稳定的。

2.2.2 纵向 Courant-Snyder 参数

现在直接考虑一个电子在六维相空间 $\boldsymbol{X} = (x, x', y, y', z, \delta)^{\mathrm{T}}$ 中的完整运动。对于一个平面型储存环，如果所有纵向聚焦元件均放置在无色散位置，那么在环内无色散位置处的单圈传输矩阵具有如下形式

$$\boldsymbol{M} = \begin{bmatrix} m_{11} & m_{12} & 0 & 0 & 0 & 0 \\ m_{21} & m_{22} & 0 & 0 & 0 & 0 \\ 0 & 0 & m_{33} & m_{34} & 0 & 0 \\ 0 & 0 & m_{43} & m_{44} & 0 & 0 \\ 0 & 0 & 0 & 0 & m_{55} & m_{56} \\ 0 & 0 & 0 & 0 & m_{65} & m_{66} \end{bmatrix} \tag{2-11}$$

其中横向矩阵元可用当地的 Twiss 函数表示成

$$\begin{cases} m_{11} = \cos\phi_x + \alpha_x\sin\phi_x, & m_{12} = \beta_x\sin\phi_x, \\ m_{21} = -\gamma_x\sin\phi_x, & m_{22} = \cos\phi_x - \alpha_x\sin\phi_x, \\ m_{33} = \cos\phi_y + \alpha_y\sin\phi_y, & m_{34} = \beta_y\sin\phi_y, \\ m_{43} = -\gamma_y\sin\phi_y, & m_{44} = \cos\phi_y - \alpha_y\sin\phi_y \end{cases} \tag{2-12}$$

且 $\phi_{x,y} = 2\pi\nu_{x,y}$ 分别为两个方向的单圈相位提前，$\nu_{x,y}$ 为两个方向的单圈自由振荡次数。对于纵向矩阵元素 $m_{ij}\ (i,j=5,6)$，可仿照横向 Twiss 函数，将其写成[76]

$$\begin{cases} m_{55} = \cos\phi_z + \alpha_z\sin\phi_z, & m_{56} = \beta_z\sin\phi_z, \\ m_{65} = -\gamma_z\sin\phi_z, & m_{66} = \cos\phi_z - \alpha_z\sin\phi_z \end{cases}$$

这里带角标"z"的量全部为纵向参数。在纵向弱聚焦的储存环内，$\phi_z = 2\pi\nu_z$ 远远小于 1，束团的纵向振荡很弱，α_z 也非常小，β_z 近乎为常数，束团长度变化几乎可以忽略，因而全环内的纵向 Twiss 函数 β_z 也可认为是常数。但对于纵向强聚焦，α_z 不再是小量，β_z 也可发生大幅度变化，束团的长度可在短距离内急速变化。

纵向 Twiss 参数相对横向 Twiss 参数而言有相似之处，如三个参数之间的关系仍满足 $\gamma_{x,y,z} = \dfrac{1 + \alpha_{x,y,z}^2}{\beta_{x,y,z}}$，以及当一段束线内所有纵向聚焦元件均放置在无色散位置处时，Twiss 参数的传输规律仍为[94]

$$\begin{bmatrix} \alpha_z \\ \beta_z \\ \gamma_z \end{bmatrix} = \begin{bmatrix} r_{55}r_{66} + r_{56}r_{65} & -r_{55}r_{65} & -r_{56}r_{66} \\ -2r_{55}r_{56} & r_{55}^2 & r_{56}^2 \\ -2r_{65}r_{66} & r_{65}^2 & r_{66}^2 \end{bmatrix} \begin{bmatrix} \alpha_{zi} \\ \beta_{zi} \\ \gamma_{zi} \end{bmatrix} \tag{2-13}$$

其中带角标"i"的量表示这段束线入口处的纵向 Twiss 参数，而 r_{55}、r_{56}、r_{65} 和 r_{66} 则分别为这段束线传输矩阵 $\boldsymbol{R}$ 的右下角四个矩阵元。

但纵向 Twiss 参数也有不同于横向 Twiss 参数之处。根据 (2-13) 式，假定在这段束线内没有纵向聚焦元件，那么 $r_{65} = 0$、$r_{55} = r_{66} = 1$，而 r_{56} 则由 (2-7) 式给出。据此可以发现 $\gamma_z \equiv \gamma_{zi}$，即在没有遇到纵向聚焦元件以前，纵向 Twiss 参数 γ_z 是一个定值。换言之，纵向聚焦元件是改变纵向 Twiss 参数 γ_z 的唯一方式。类比横向，横向 Twiss 参数 $\gamma_{x,y}$ 在漂移段内也保持不变，只能被横向聚焦元件改变。因而从这个角度，r_{56} 也可以称为"纵向漂移长度"，这是一个很重要的概念。横向漂移长度与纵向漂移长度的最大区别在于：前者永远不能为负，但后者却可以。这个区别使得纵向和横向 Twiss 参数不尽相同。比如在纵向漂移段内，$r_{65} \equiv 0$，利用 (2-13) 式，可以发现 $\dfrac{\mathrm{d}\alpha_z}{\mathrm{d}s} = -\gamma_{zi}\dfrac{\mathrm{d}r_{56}}{\mathrm{d}s}$、$\dfrac{\mathrm{d}\beta_z}{\mathrm{d}s} = -2\alpha_z\dfrac{\mathrm{d}r_{56}}{\mathrm{d}s}$，由此

$$-\frac{1}{2}\frac{\mathrm{d}\beta_z}{\mathrm{d}s} = -\frac{1}{\gamma_{zi}}\alpha_z\frac{\mathrm{d}\alpha_z}{\mathrm{d}s} = \alpha_z\left[\frac{1}{\gamma_c^2} - \frac{\eta_x(s)}{\rho_c(s)}\right]$$

与横向 α 和 β 的关系相比，此式多了一个与色散相关的因子 $\dfrac{\mathrm{d}\alpha_z}{\mathrm{d}s}$。由于这个因子的存在，使得 β_z 的极值不仅出现在 $\alpha_z = 0$ 的位置，也出现在

$\dfrac{1}{\gamma_c^2} = \dfrac{\eta_x(s)}{\rho_c(s)}$ 的地方。这意味着在弯铁内，纵向 β_z 的变化可以非常剧烈。后文将看到，这也是纵向发射度的主要来源。

2.2.3　用 Courant-Snyder 参数表述的六维传输矩阵

储存环设计过程中，人们一般只关注横向的 Twiss 函数，而获取横向 Twiss 参数需要设法去掉色散函数和纵向聚焦元件对横向矩阵元的贡献。如首先剔除环内（或周期结构内）的纵向聚焦元件，获得不包含纵向聚焦元件的单圈（或单周期）传输矩阵，再根据此矩阵和 (2-12) 式求得该处的 Twiss 参数。在引入纵向 Twiss 函数以后，剔除纵向聚焦元件的步骤不再需要，可通过更直接的方法得到各处的色散函数和三维 Twiss 参数。

利用 (2-13) 式，可以得到六维传输矩阵在三维 Twiss 参数形式下的表达式。同样只考虑平面型的储存环，关注 (2-11) 式所在位置下游的某一色散位置，设期间没有纵向聚焦元件，且该传输段的传输矩阵为

$$
\boldsymbol{R} = \begin{bmatrix}
r_{11} & r_{12} & 0 & 0 & 0 & \eta_x \\
r_{21} & r_{22} & 0 & 0 & 0 & \eta_x' \\
0 & 0 & r_{33} & r_{34} & 0 & 0 \\
0 & 0 & r_{43} & r_{44} & 0 & 0 \\
r_{51} & r_{52} & 0 & 0 & 1 & r_{56} \\
0 & 0 & 0 & 0 & 0 & 1
\end{bmatrix}
$$

η_x 和 η_x' 为该处的色散和色散导数。辛条件要求 $r_{11}r_{22} - r_{12}r_{21} \equiv 1$，$r_{33}r_{44} - r_{34}r_{43} \equiv 1$，$r_{51} \equiv \eta_x r_{21} - \eta_x' r_{11}$ 以及 $r_{52} \equiv \eta_x r_{22} - \eta_x' r_{12}$。那么在该处的全环传输矩阵 $\boldsymbol{M}_x$ 可以通过 $\boldsymbol{M}_x = \boldsymbol{R}\boldsymbol{M}\boldsymbol{R}^{-1}$ 获得。将横纵向的 Twiss 参数代入并计算后，可以得到矩阵 $\boldsymbol{M}_x$ 的每一个元素在三维 Twiss 参数下的形式

$$
\begin{cases}
x_{11} = \cos\phi_x + \alpha_x \sin\phi_x - \eta_x \eta'_x \gamma_z \sin\phi_z, \\[4pt]
x_{22} = \cos\phi_x - \alpha_x \sin\phi_x + \eta_x \eta'_x \gamma_z \sin\phi_z, \\[4pt]
x_{12} = \beta_x \sin\phi_x + \eta_x^2 \gamma_z \sin\phi_z, \\[4pt]
x_{21} = -\gamma_x \sin\phi_x - \eta_x'^2 \gamma_z \sin\phi_z, \\[4pt]
x_{33} = \cos\phi_y + \alpha_y \sin\phi_y, \\[4pt]
x_{44} = \cos\phi_y - \alpha_y \sin\phi_y, \\[4pt]
x_{34} = \beta_y \sin\phi_y, \\[4pt]
x_{43} = -\gamma_y \sin\phi_y, \\[4pt]
x_{55} = m_{55} + r_{56} m_{65} = \cos\phi_z + \alpha_z \sin\phi_z, \\[4pt]
x_{66} = m_{66} - r_{56} m_{65} = \cos\phi_z - \alpha_z \sin\phi_z, \\[4pt]
x_{56} = m_{56} - (m_{55} - m_{66}) r_{56} - m_{65} r_{56}^2 = \beta_z \sin\phi_z + \mathcal{H}_x \sin\phi_x, \\[4pt]
x_{65} = -\gamma_z \sin\phi_z, \\[4pt]
x_{16} = -\eta_x(\cos\phi_x + \alpha_x \sin\phi_x) - \eta'_x \beta_x \sin\phi_x + \eta_x(\cos\phi_z - \alpha_z \sin\phi_z), \\[4pt]
x_{26} = \eta_x \gamma_x \sin\phi_x - \eta'_x(\cos\phi_x - \alpha_x \sin\phi_x) + \eta'_x(\cos\phi_z - \alpha_z \sin\phi_z), \\[4pt]
x_{51} = -\eta'_x(\cos\phi_x + \alpha_x \sin\phi_x) - \eta_x \gamma_x \sin\phi_x + \eta'_x(\cos\phi_z + \alpha_z \sin\phi_z), \\[4pt]
x_{52} = -\eta'_x \beta_x \sin\phi_x + \eta_x(\cos\phi_x - \alpha_x \sin\phi_x) - \eta_x(\cos\phi_z + \alpha_z \sin\phi_z), \\[4pt]
x_{61} = x_{25} = -\eta'_x \gamma_z \sin\phi_z, \\[4pt]
x_{62} = -x_{15} = \eta_x \gamma_z \sin\phi_z
\end{cases}
$$

其中 $\mathcal{H}_x = \gamma_x \eta_x^2 + 2\alpha_x \eta_x \eta'_x + \beta_x \eta_x'^2$ 是色品不变量，也称 "$\mathcal{H}$ 函数"。以上关系式的适用性范围是：

    1. 无横向耦合的平面型储存环；

    2. 所有弯铁偏转平面在水平面内；

    3. 所有纵向聚焦元件放置在无色散位置。

当纵向聚焦元件被放置在环内无色散位置处时，单圈传输矩阵的 x_{15}、x_{25}、x_{61}、x_{62} 四个矩阵元素不再为零。根据以上的关系式，在得到全环的传输矩阵后，可直接获取当地的色散函数和三维 Twiss 参数，如色散和色散导数可表示为 $\eta_x = \dfrac{x_{15}}{x_{65}}$、$\eta_x' = \dfrac{x_{25}}{x_{65}}$。

2.3 束团稳态发射度的三维 Twiss 表达

2.3.1 同步辐射和量子激发

电子在储存环内做回旋运动时会放出电磁辐射，电子也会因此不断丢失能量。根据经典电动力学，当带电粒子存在加速度时，其辐射功率是一个洛伦兹不变量

$$P = -\frac{2}{3}\frac{e^2}{4\pi\varepsilon_0 m_{\mathrm{e}}^2 c^3}\left(\frac{\mathrm{d}p_\mu}{\mathrm{d}\tau}\frac{\mathrm{d}p^\mu}{\mathrm{d}\tau}\right)^2$$

其中 $p_\mu = \left(\dfrac{E}{c}, \gamma m_{\mathrm{e}}\boldsymbol{v}\right)$ 是电子的四动量，τ 是电子的固有时间（proper time），m_{e} 表示电子的静止质量，ε_0 为真空介电常量，c 为光速。在平面型等磁的磁聚焦结构中，标准电子在弯铁中的同步辐射功率可表示成

$$P = \frac{e^2 c}{6\pi\varepsilon_0}\frac{\gamma_c^4 \beta_c^4}{\rho_c^2}$$

对此式积分，可得到标准电子回旋单圈的辐射能量损失

$$U_0 = \frac{e^2}{3\varepsilon_0}\frac{\gamma_c^4 \beta_c^3}{\rho_c}$$

这种辐射损失对电子单圈的运动影响很小，在分析一阶动力学效应时，它的作用被忽略。因而电子在三个方向的一阶运动存在三个不变量：$\epsilon_x = \gamma_x x_\beta^2 + 2\alpha_x x_\beta x_\beta' + \beta_x x_\beta'^2$、$\epsilon_y = \gamma_y y^2 + 2\alpha_y yy' + \beta_y y'^2$ 和 $\epsilon_z = \gamma_z z^2 + 2\alpha_z z\delta + \beta_z \delta^2$，分别表示电子在三个方向的发射度。实际上，由于辐射损失和能量补充过程共同导致的阻尼作用会使 ϵ_x、ϵ_y 和 ϵ_z 逐渐减小。三个

方向的无量纲阻尼系数分别为[94]

$$
\begin{cases}
D_x = \dfrac{U_0}{2E_c}(1 - \mathcal{D}) & \text{(2-14a)} \\[3mm]
D_y = \dfrac{U_0}{2E_c} & \text{(2-14b)} \\[3mm]
D_z = \dfrac{U_0}{E_c}\left(1 + \dfrac{\mathcal{D}}{2}\right) & \text{(2-14c)}
\end{cases}
$$

其中 $\mathcal{D} = \dfrac{I_4}{I_2}$，称为"辐射阻尼分割系数"（radiation damping partition number）。相应的，各个方向的 e 折阻尼时间 τ_x、τ_y、τ_z 分别为标准电子的回旋周期 T_c 与对应方向无量纲阻尼系数倒数的乘积。此外可以注意到，$D_x + D_y + D_z = \dfrac{2U_0}{E_c}$ 为常数，这称为罗宾逊（Robinson）定理[95]。而 $\mathcal{D}$ 定义中的 I_4 和 I_2 表示同步辐射积分，引入纵向的同步辐射积分后，各积分定义为[72,96]

$$
\begin{cases}
I_1 = \displaystyle\oint \dfrac{\eta_x(s)}{\rho_c(s)}\mathrm{d}s & \text{(2-15a)} \\[3mm]
I_2 = \displaystyle\oint \dfrac{1}{\rho_c^2(s)}\mathrm{d}s & \text{(2-15b)} \\[3mm]
I_3 = \displaystyle\oint \dfrac{1}{|\rho_c(s)|^3}\mathrm{d}s & \text{(2-15c)} \\[3mm]
I_4 = \displaystyle\oint \dfrac{\eta_x(s)}{\rho_c(s)}\left[\dfrac{1}{\rho_c^2(s)} + 2K_1(s)\right]\mathrm{d}s & \text{(2-15d)} \\[3mm]
I_5 = \displaystyle\oint \dfrac{\mathcal{H}_x(s)}{|\rho_c(s)|^3}\mathrm{d}s & \text{(2-15e)} \\[3mm]
I_6 = \displaystyle\oint \dfrac{\beta_y(s)}{|\rho_c(s)|^3}\mathrm{d}s & \text{(2-15f)} \\[3mm]
I_7 = \displaystyle\oint \dfrac{\beta_z(s)}{|\rho_c(s)|^3}\mathrm{d}s & \text{(2-15g)}
\end{cases}
$$

I_1 与全环动量压缩（或纵向漂移长度）相关；I_2 与单圈辐射能量损失相关；I_3 与量子激发有关；I_4 与辐射阻尼分割系数有关；I_5、I_6、I_7 分别与稳态水平、垂直和纵向发射度相关。引入这些积分关系后，标准电子单圈的同步辐射损失可重新表示成 $U_0 = \dfrac{e^2}{6\pi\varepsilon_0}\gamma_c^4\beta_c^3 I_2$。

注意到 I_5、I_6、I_7 三者都含有 $|\rho_c(s)|^3$，这说明稳态发射度与量子激发有紧密联系。事实上，辐射过程的随机量子特性存在量子涨落，这种涨落是电子发射度阻尼的极限。储存环内电子束在辐射阻尼和量子激发平衡时达到最终状态，称为"稳态"。稳态情况下束团的三维发射度完全由储存环磁聚焦结构决定，且不再改变。一般而言，从电子束进入储存环至达到稳态的过程持续时间大致为 $3 \sim 5$ 倍的阻尼时间。

2.3.2　储存环三维稳态发射度

由于稳态情况下束团的三维发射度完全由储存环磁聚焦结构决定，因而可以通过分析储存环磁聚焦结构的传输矩阵获得稳态的束团参数。SLIM 是一套通过分析储存环上各处单圈传输矩阵的本征值和本征矢量，继而直接分析束团稳态特征的一般方法[70-71,94]。它不用引入 Twiss 函数，可处理任意耦合的磁聚焦结构或共振情形。在耦合情形下，通过 SLIM 方法获得的三个发射度表示本征发射度，并不对应具体的水平、垂直或者纵向方向。但在无耦合位置处，发射度则与方向及其对应的 Twiss 有直接关系。这个关系可以通过分析平面型储存环在任意位置的传输矩阵 $\boldsymbol{M}_x$ 获得。

利用 2.2.3 节的结果，可得该位置处单圈传输矩阵 $\boldsymbol{M}_x$ 的本征矢量为

$$
\begin{cases}
\boldsymbol{E}_x = \left[-\dfrac{\eta_x'\beta_x + (\alpha_x \mp \mathrm{i})\eta_x}{\sqrt{2\mathcal{H}_x}} \quad \dfrac{\eta_x\gamma_x + (\alpha_x \pm \mathrm{i})\eta_x'}{\sqrt{2\mathcal{H}_x}} \quad 0 \quad 0 \quad \sqrt{\dfrac{\mathcal{H}_x}{2}} \quad 0 \right]^{\mathrm{T}} \\[3mm]
\boldsymbol{E}_y = \left[0 \quad 0 \quad \dfrac{-\alpha_y \pm \mathrm{i}}{\sqrt{2\gamma_y}} \quad \sqrt{\dfrac{\gamma_y}{2}} \quad 0 \quad 0 \right]^{\mathrm{T}} \\[3mm]
\boldsymbol{E}_z = \left[\eta_x\sqrt{\dfrac{\gamma_z}{2}} \quad \eta_x'\sqrt{\dfrac{\gamma_z}{2}} \quad 0 \quad 0 \quad \dfrac{-\alpha_z \pm \mathrm{i}}{\sqrt{2\gamma_z}} \quad \sqrt{\dfrac{\gamma_z}{2}} \right]^{\mathrm{T}}
\end{cases}
$$

SLIM 方法指出，稳态时束流分布的二阶矩与本征矢量的关系为

$$
\langle X_i X_j \rangle (s) = 2 \sum_{k=x,y,z} \left\langle |A_k|^2 \right\rangle \mathrm{Re}[E_{ki}(s)E_{kj}^*(s)] \tag{2-16}
$$

这里 X_i $(i = 1, 2, \cdots, 6)$ 是电子坐标 $\boldsymbol{X}$ 的第 i 个元素。E_{ki} 表示第 k 维本征矢量的第 i 个值，Re 表示只取实部。(2-16) 式中表征束流辐射阻尼和量子激发达到稳态时的参数 $\left\langle |A_k|^2 \right\rangle$ 也与全环各位置处传输矩阵本征矢量的第五个元素有关

$$\left\langle |A_k|^2 \right\rangle = C_0 \frac{\gamma_c^5}{D_k} \oint \frac{|E_{k5}(s)|^2}{|\rho(s)|^3} \mathrm{d}s$$

其中常数 $C_0 = \dfrac{55}{48\sqrt{3}} \dfrac{r_e \hbar}{m_e c}$，$r_e$ 和 $\hbar$ 分别表示电子的经典半径和约化普朗克常数。将 $\boldsymbol{M}_x$ 的本征矢量代入 (2-16) 式，可得束流二阶矩对角线上三个 2×2 块矩阵的矩阵元分别为

$$
\begin{cases}
\langle xx \rangle (s) = \dfrac{C_0 \gamma_c^5}{2} \left[\dfrac{\beta_x(s)}{D_x} I_5 + \dfrac{\eta_x^2 \gamma_z(s)}{D_z} I_7 \right] & \text{(2-17a)} \\[3mm]
\langle xx' \rangle (s) = \dfrac{C_0 \gamma_c^5}{2} \left[-\dfrac{\alpha_x(s)}{D_x} I_5 + \dfrac{\eta_x \eta_x' \gamma_z(s)}{D_z} I_7 \right] & \text{(2-17b)} \\[3mm]
\langle x'x' \rangle (s) = \dfrac{C_0 \gamma_c^5}{2} \left[\dfrac{\gamma_x(s)}{D_x} I_5 + \dfrac{\eta_x'^2 \gamma_z(s)}{D_z} I_7 \right] & \text{(2-17c)} \\[3mm]
\langle yy \rangle (s) = \langle yy' \rangle (s) = \langle y'y' \rangle (s) = 0 & \text{(2-17d)} \\[3mm]
\langle zz \rangle (s) = \dfrac{C_0 \gamma_c^5}{2} \left[\dfrac{\mathcal{H}_x(s)}{D_x} I_5 + \dfrac{\beta_z(s)}{D_z} I_7 \right] & \text{(2-17e)} \\[3mm]
\langle z\delta \rangle (s) = -\dfrac{C_0 \gamma_c^5}{2} \dfrac{\alpha_z(s)}{D_z} I_7 & \text{(2-17f)} \\[3mm]
\langle \delta\delta \rangle (s) = \dfrac{C_0 \gamma_c^5}{2} \dfrac{\gamma_z(s)}{D_z} I_7 & \text{(2-17g)}
\end{cases}
$$

在三个维度完全无耦合的位置处，$\eta_x = \eta_x' = \mathcal{H}_x \equiv 0$，水平方向的束流发射度可写成 $\epsilon_x^2 = \langle xx \rangle \langle x'x' \rangle - \langle xx' \rangle^2$，另外两个方向也类似。然而，注意到 (2-17d) 式全为零，意味着理想情况下平面型储存环中稳态垂直方向的束流发射度无限小，这本质上源于全环内垂直方向没有色散，水平面内发射光子的量子涨落无法作用到垂直方向。但在实际中，由于电子辐射在垂直方向存在 $\dfrac{1}{\gamma}$ 的张角，因此有一部分光子未在水平面内辐

射，这部分光子的辐射统计涨落依旧会贡献一个垂直方向的稳态发射度。考虑到相对水平面的光子发射角 θ 对单位时间内辐射光子能量涨落的影响，即[94]

$$\dot{\mathcal{N}}\left\langle u^2\theta^2\right\rangle = \frac{23}{110\gamma_c^2}\dot{\mathcal{N}}\left\langle u^2\right\rangle$$

由此，束流在三个方向的稳态发射度分别为[97]

$$\begin{cases} \epsilon_x = \dfrac{C_0\gamma_c^5}{2}\dfrac{I_5}{D_x} & \text{(2-18a)} \\[3mm] \epsilon_y = \dfrac{C_0\gamma_c^5}{2}\dfrac{23}{110\gamma_c^2}\dfrac{I_6}{D_y} & \text{(2-18b)} \\[3mm] \epsilon_z = \dfrac{C_0\gamma_c^5}{2}\dfrac{I_7}{D_z} & \text{(2-18c)} \end{cases}$$

在实际的平面型储存环中，尽管理想情况下全环垂直方向没有色散，但各种误差总会导致垂直方向存在微小的色散，这些色散便会对垂直方向的束流发射度有贡献，且这种贡献的结果一般远大于 (2-18b) 式给出的值。但总体而言，平面型储存环中垂直方向的束流发射度远小于水平方向。

　　在色散存在的位置（如弯铁内），横纵耦合的影响将使电子束水平尺寸、散角以及纵向长度均增大。水平尺寸平方的增量正比于稳态纵向发射度和当地纵向 Twiss γ_z 以及色散的平方，而水平散角平方的增量则正比于当地色散导数的平方，束长平方的增量除了与平衡时的水平发射度成正比，还正比于当地的 $\mathcal{H}$ 函数[69]。但值得一提的是，与横向散角不同，纵向的能散不受耦合效应的影响。

2.4　小　　结

　　本章首先回顾了电子在储存环内垂直、水平和纵向三个方向的刚性运动，给出了相应的运动方程及其线性解，并介绍了储存环内电子运动的自动稳相原理和纵向动力学孔径的概念。随后借助横向的 Courant Snyder 参数引入了纵向的 Twiss 函数，并讨论了横纵向之间的异同。至此，完整的三维 Twiss 描述体系得以形成。之后，本书给出了平面型磁聚焦结构储存环六维单圈传输矩阵在该三维 Twiss 参数体系下的形式，据此可更快速、直接地分析环内各处的色散和横纵向 Twiss 参数；此外，将此矩阵与电子储存环的同步辐射和量子激发效应结合分析，直接导出了储存环三个方向的稳态发射度表达式。

第 3 章　储存环纵向发射度的优化

在纵向维度上，传统储存环采用波长在米量级的 RF 对电子束进行约束，较长的波长使得在对传统储存环进行线性设计时不必对束团纵向发射度做特别地考虑或优化，因而传统储存环内的束团长度在毫米或亚毫米范围。但在激光驱动的新型 SSMB 储存环中，由于采用更短波长的激光调制器（LM）替换了 RF，环内的束团长度将缩短至激光波长范围内。为了使这样的微束团能够稳定地储存在环内，对 SSMB 储存环的稳态纵向发射度提出了新的要求，这也使得在设计新型 SSMB 储存环时，不但要考虑横向束流动力学，更多的注意力也应集中于纵向。

为此，本章面向新型 SSMB 储存环的需求，将分别对实现 SSMB 的两大关键点——LM 的能量调制作用和低纵向发射度储存环的设计做详细讨论。尽管 LM 可在一定程度上发挥与 RF 类似的纵向聚焦作用，但其能量调制过程和线性传输矩阵有别于 RF，本章将通过分析给出 LM 传输矩阵及其与激光参数之间的具体关系。同时，也将着重讨论针对更低稳态纵向发射度储存环的设计和优化问题。其中将重点分析环内各种与二极场有关的元件对稳态纵向发射度的贡献，并提出一套优化稳态纵向发射度的方法。

3.1　SSMB 的产生

SSMB 涉及微聚束和稳态两个概念。在传统储存环设计中，绝大多数工作的重心在于束流稳态横向发射度的优化。目前的第四代储存环中，束流横向发射已经低至百皮米甚至数十皮米，逼近了软 X 射线的衍射极限。在纵向上，更多的工作则面向非线性动量压缩系数的优化，并未对线性动力学做过多的研究。在这样的情况下，绝大部分传统储存环中，一种如图 3.1 所示的局部动量压缩效应成为了制约束长和稳态纵向发射度降低的瓶颈[68-69]。可以这样理解这种效应：由于量子辐射的随机性，电子在储存环内回旋的过程中，可能在环内具有二极场的任意位置放出辐射光子。但由于储存环的线性纵向动力学没有优化，即便全环动量压缩系数 R_{56} 较小，但从光子辐射处到之后束长观察点的局部动量压缩系数 r_{56} 波动可能较大。这样较大波动的局部动量压缩系数即使在单圈情况下也会产生一个束长限值

$$\sigma_{zL} = \sqrt{\left\langle \left[r_{56}(s_j \to s_0) - \langle r_{56}(s_i \to s_0) \rangle \right]^2 \right\rangle} \sigma_{\delta s}$$

该值一般在亚毫米量级以上。其中 $\sigma_{\delta s}$ 表示经典 Sands 公式给出的能散[65]。由于传统的储存环采用波长在米量级的 RF 对电子束进行纵向约束，局部动量压缩效应导致的束长限值远小于 RF 波长，故而电子不会因为单次量子辐射跳出所在的 RF 稳定区。

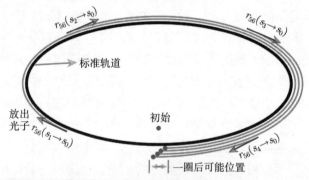

图 3.1　局部动量压缩效应示意图

　　为了实现微聚束，一种直接的方法是采用具有更短波长的 LM 替换储存环内的 RF，替换后的储存环纵向弱聚焦稳定区与传统 RF 稳定区类似，均如图 2.4（a）和（b）所示，但最大宽度变为了 LM 中采用的激光波长，将之称为"LM 稳定区"。直接替换后尽管可以在 LM 下游的局部位置形成微聚束，但由于传统储存环内的局部动量压缩效应较强，微聚束内的电子无法稳定在 LM 稳定区内，必须对储存环的线性纵向动力学进行优化，弱化局部动量压缩效应。而事实上，这种优化是在追求更小的储

存环稳态纵向发射度。当纵向发射度达到足够小时，微束团内的电子才不会因为单次量子辐射跳出所在的 LM 稳定区，从而实现稳态的微聚束。

因此，SSMB 的核心在于实现足够小的稳态纵向发射度，而 LM 则是 SSMB 储存环最重要的纵向聚焦单元，也是一种实现较高占空比的 SSMB 储存环元器件。

3.2　SSMB 关键器件：激光调制器

激光调制器（laser modulator，LM）是波荡器和激光场组合形成的器件，一般激光的波长恰好对应波荡器的某阶共振波长，束流在通过波荡器和激光构成的混合场后，内部不同纵向位置处的电子将获得不同的能量，束流整体表现出与 RF 能量调制类似的效果。

绝大多数情况下，在讨论 RF 或 LM 对束流能量的调制作用时，都用正余弦函数进行描述，因而在调制波形过零点的切线斜率才具有 (2-8) 式的形式。实际上，由于 RF 和 LM 本身具有动量压缩效应，实际的调制波形均不完全是正余弦。但由于 RF 的动量压缩因子 $\dfrac{1}{\gamma_c^2}$ 对高能电子而言很小，RF 的调制采用正余弦近似具有良好的效果。但是对于 LM 而言，其波荡器的动量压缩因子为两倍的基频共振波长与波荡器周期长度的比值 $\left(\dfrac{2\lambda_1}{\lambda_u}\right)$，远大于 RF。这使得 LM 的调制结果可能与正余弦形式偏差很大。本节将对 LM 在平面波、高斯光束作用下的能量调制做深入地讨论，并分析其纵向传输矩阵。

3.2.1　平面波作用下的调制和纵向传输矩阵

在通过一个平面型波荡器时，由于周期性磁场的作用，电子的横向运动呈现出周期性振荡，此时如果增加一束沿纵向传输且波长与波荡器共振波长一致的激光，电子横向速度方向将可与激光横向电场方向匹配，进而发生单向净能量交换。取决于电子进入激光和波荡器混合场中的初始相位，电子可以被加速或被减速，这个效应在自由电子激光和逆自由电子激光加速中已经得到了充分的研究[98-99]。如果波荡器是理想的平面型且被放置于无色散位置，不考虑辐射能量损失，那么电子穿过混合场

后其横向将不会发生改变。换言之，整个动力学过程为纯粹的一维过程，电子的能量和位置变化可以由方程描述

$$\begin{cases} \dfrac{\mathrm{d}\delta}{\mathrm{d}z} = \dfrac{ka_0 KJ}{2\gamma_c^2}\sin\hat{\phi} & (3\text{-}1a) \\[3mm] \dfrac{\mathrm{d}\hat{\phi}}{\mathrm{d}z} = 2k_{\mathrm{u}}\delta & (3\text{-}1b) \end{cases}$$

其中 $k = \dfrac{2\pi}{\lambda_{\mathrm{m}}}$ 是激光的波矢，$a_0 = \dfrac{eE_0}{m_{\mathrm{e}}kc^2}$ 是激光电场的无量纲强度，$K = \dfrac{eB_0}{m_{\mathrm{e}}k_{\mathrm{u}}c}$ 是波荡器中心平面的无量纲峰值磁场强度，$J = J_0\left(\dfrac{K^2}{4+2K^2}\right) - J_1\left(\dfrac{K^2}{4+2K^2}\right)$ 是一个与贝塞尔函数相关的因子。而 $\hat{\phi} = (k+k_{\mathrm{u}})z - kct + \hat{\phi}_0$ 是有质动力相位。(3-1) 式是著名的单摆方程，其一般解为第一类椭圆积分[93]，这里不对椭圆积分的数学内容做具体讨论，更多关注此式描述的小振幅情形。

只考虑相位与标准电子接近的部分，此时 $\hat{\phi}$ 很小，可以将 (3-1a) 式线性化并求解方程组 (3-1)。用 z_{i} 和 δ_{i} 表示电子初始的纵向状态，那么电子在通过 LM 之后的状态为

$$\begin{bmatrix} z \\ \delta \end{bmatrix} = \boldsymbol{M}_{\mathrm{mod}}\begin{bmatrix} z_{\mathrm{i}} \\ \delta_{\mathrm{i}} \end{bmatrix}$$

其中 $\boldsymbol{M}_{\mathrm{mod}}$ 即为平面波作用时 LM 厚透镜模型的纵向传输矩阵，定义为

$$\boldsymbol{M}_{\mathrm{mod}} = \begin{bmatrix} \cos\Delta\psi_m & \dfrac{2\sin\Delta\psi_m}{\nu_m k} \\[3mm] -\dfrac{\nu_m k\sin\Delta\psi_m}{2} & \cos\Delta\psi_m \end{bmatrix} \qquad (3\text{-}2)$$

这里 $\nu_m = \sqrt{-\dfrac{4a_0 KJ}{2+K^2}\cos\phi_s}$，$\Delta\psi_m = N_{\mathrm{u}}\Delta\psi_1 = 2\pi N_{\mathrm{u}}\nu_m$ 是等效的纵向 Twiss 相位提前，ϕ_s 表示标准电子的相位（也是同步相位）。注意到此矩阵可拆分成

$$
\boldsymbol{M}_{\mathrm{mod}} = \begin{pmatrix} 1 & \dfrac{2}{\nu_m k} \tan \dfrac{\Delta\psi_m}{2} \\ 0 & 1 \end{pmatrix} \begin{pmatrix} 1 & 0 \\ -\dfrac{\nu_m k \sin \Delta\psi_m}{2} & 1 \end{pmatrix} \cdot
$$

$$
\begin{pmatrix} 1 & \dfrac{2}{\nu_m k} \tan \dfrac{\Delta\psi_m}{2} \\ 0 & 1 \end{pmatrix} \tag{3-3}
$$

因而整个 LM 可以等效成中心处具有能量调制强度为 $-\dfrac{\nu_m k \sin \Delta\psi_m}{2}$ 的 RF 和前后各一个 r_{56} 为 $\dfrac{2}{\nu_m k} \tan \dfrac{\Delta\psi_m}{2}$ 的纵向漂移段的组合。

前文提到，由于 LM 内的波荡器动量压缩系数较大，其能量调制波形可远远偏离正余弦函数形式。为此，考虑一初始只有线性纵向位置分布的理想线状电子束，利用龙格–库塔（Runge-Kutta）法求解 (3-1) 式，可得到在不同的无量纲激光强度 a_0 作用下，波荡器出口处的纵向相空间（即能量调制波形），如图 3.2 中红线所示。在激光强度较弱，或波荡器周期数较少时，LM 的等效纵向同步振荡频数 $N_{\mathrm{u}}\nu_m$ 较小，调制结果与正余弦函数类似。但随着激光强度的增加，电子在每个波荡器周期内获得的能量调制幅度增大，在波荡器本身较大的动量压缩效应作用下，能量偏差 $\delta > 0$ 的电子往前滑移和 $\delta < 0$ 的电子往后滑移的程度变得明显，因而整个能量调制波形围绕相位 $(2n+1)\pi$ 发生旋转和扭曲。在强激光或者大波荡器周期数情况下，这种逐周期的累计效应将最终形成著名的 FEL 稳定区，如图 3.2（d）所示。

图 3.2 中蓝线表示过零点处的切线，其斜率表征电子束通过 LM 后的能量啁啾，即 (2-8) 式中 h 的物理含义。当 $N_{\mathrm{u}}\nu_m$ 较小时，LM 调制波形近似为正余弦，与 RF 能量调制相似，相邻过零点处（$\phi_s = 0$ 和 π）的能量啁啾仍近似互为相反数，如图 3.2（a）所示。此时峰值调制相位上的电子在整个能量增益过程中，$\hat{\phi}$ 一直在 $\dfrac{\pi}{2}$ 附近振荡，如图 3.3（a）所示，因而等效的峰值调制幅度 δ_{m} 可令 (3-1) 式中的 $\hat{\phi} = \dfrac{\pi}{2}$ 近似获得：

$$
\delta_{\mathrm{m}} \equiv \frac{eV_0}{E_c} = \frac{k a_0 K J N_{\mathrm{u}} \lambda_{\mathrm{u}}}{2\gamma_c^2}
$$

随着激光强度的增加，$N_\mathrm{u}\nu_m$ 增加，调制相空间波形发生旋转扭曲，相邻过零点处的能量啁啾绝对值出现较大偏差，这样的近似会过高估计峰值调制幅度，如图 3.3（b）所示。但如果仍沿用 (2-8) 式的定义，可得

$$\Delta\psi_m = \sqrt{-2N_\mathrm{u}\lambda_\mathrm{m}\delta_\mathrm{m}k\cos\phi_s} = \sqrt{-\frac{h}{2N_\mathrm{u}\lambda_\mathrm{m}}\cos\phi_s\cdot 2N_\mathrm{u}\lambda_\mathrm{m}} \tag{3-4}$$

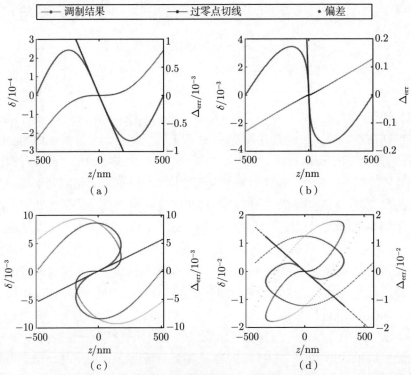

图 3.2　不同激光强度 a_0 情况下初始只有纵向位置偏差的理想线状电子束在激光调制器出口处的纵向相空间（前附彩图）

(a) $a_0 = 3.9 \times 10^{-6}$，$N_\mathrm{u}\nu_m = 0.062$；(b) $a_0 = 5.8 \times 10^{-5}$，$N_\mathrm{u}\nu_m = 0.241$；
(c) $a_0 = 1.9 \times 10^{-4}$，$N_\mathrm{u}\nu_m = 0.439$；(d) $a_0 = 3.9 \times 10^{-4}$，$N_\mathrm{u}\nu_m = 0.622$

注：采用的激光波长 $\lambda_\mathrm{m} = 1\,\mu\mathrm{m}$，对应周期长度 $\lambda_\mathrm{u} = 50\,\mathrm{mm}$ 的波荡器基频共振波长，波荡器周期数 $N_\mathrm{u} = 50$。

对比四极铁的横向传输矩阵，可发现此时 $\dfrac{h}{2N_\mathrm{u}\lambda_\mathrm{m}}\cos\phi_s$ 与四极铁强度参数 K_1 具有同样的物理意义，表征 LM 的纵向聚焦强度。然而需要

指出，此时与 h 对应的 δ_m 和 V_0 并非真实调制波形上的峰值调制幅度和调制电压，在 $N_u\nu_m$ 较大时，两者偏差较大。图 3.2 中灰色曲线展示了 (3-1) 式给出的调制结果与过零点切线的偏差，采用形如 RF 的下三角纵向传输矩阵仅可描述 $N_u\nu_m \ll 1$ 时的调制线性区。当 $N_u\nu_m$ 较大，调制相空间波形偏离正余弦形式时，LM 的线性传输矩阵需用 (3-2) 式描述。为获得尽可能大的调制幅度，同时使调制波形接近正余弦形式，考虑到 $N_u\nu_m = \sqrt{\dfrac{-\cos\phi_s \cdot N_u\delta_m}{\pi}}$，应尽可能减少波荡器周期，同时采用更高的激光强度。

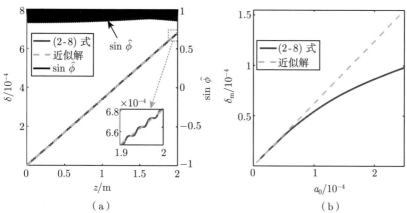

图 3.3　小 $N_u\nu_m$ 时位于峰值相位的（a）电子能量调制过程和（b）峰值调制幅度随激光强度的变化

注：虚线为固定 $\hat{\phi} = \dfrac{\pi}{2}$ 的近似，波荡器参数同图 3.2。

3.2.2　连续高斯光作用下的调制和传输矩阵

3.2.1 节讨论了理想平面波作用下的调制过程，适用于激光焦斑远大于束流尺寸的情况。实际情况下，为更有效地利用光场能量，可采用聚焦的高斯激光场对电子束进行能量调制。但相对平面波的调制而言，高斯激光场能量调制的效率主要受高斯光束两方面特性的影响，其一是高斯光束的聚焦特性使得电子在波荡器出入口处感受到的场较弱，因而调制强度也较小；其二是 Gouy 相位带来的激光相速度快速变化使得电子在波荡器中运动的全程相位更难匹配。下面分别给予阐述。

考虑光学谐振腔和激光器输出的典型基模——厄米特-高斯（0,0）模的作用

$$E_x(x, y, z) = E_0 \frac{w_0}{w_z} \cos\psi \exp\left(-\frac{x^2 + y^2}{w_z^2}\right) \tag{3-5}$$

这里 E_0 为激光的峰值电场，$w_z = w_0\sqrt{1 + z_p^2}$ 表示沿纵向不同位置处的光斑尺寸，w_0 表示焦斑大小。而 $z_p = \dfrac{(z - z_0)}{R_z}$，其中 $R_z = \dfrac{\pi w_0^2}{\lambda_m}$ 是激光的瑞利长度，z_0 是焦斑所在的位置。在纵向上偏离焦斑越远处，激光光斑越大，电场则反比于光斑尺寸。为最大化电子能量调制幅度，一般选择将激光焦斑置于波荡器的中心，这样电子在波荡器出入口处将感受到较弱的电场，能量调制将主要发生在波荡器的中心附近，如图 3.4 所示。此外，(3-5) 式中的激光相位 $\psi = kz - \omega_L t + \phi_0 - \arctan(z_p) + \dfrac{z_p(x^2 + y^2)}{w_z^2}$，其中 $\arctan(z_p)$ 被称为"Gouy 相位"，它使聚焦的激光场相速度比理想的平面波变化更剧烈（尤其在焦斑附近）。如此，在采用高斯光束调制电子束时，电子获取能量的相位更少，因而能量获得效率更低。图 3.4 给出了能量调制峰值相位上的电子在平面波和高斯激光作用下前半个波荡器内的能量增益过程，绿色区域电子失去能量。由此可知，高斯光束作用下电子的能量增益过程主要发生在激光焦斑附近。

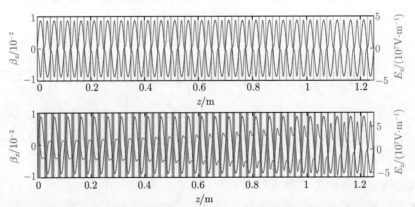

图 3.4　调制电压峰值相位的电子在平面波（上）和高斯激光（下）作用下前半个波荡器内的能量增益过程（前附彩图）

注：绿色区域电子失去能量，高斯激光焦斑在 $z = 1.25$ m 处；波荡器参数同图 3.2。

将 (3-5) 式应用于 (3-1) 式中，可得到小同步振荡频数下的等效峰值调制电压。考虑到电子在波荡器内的水平振荡为 $x = \dfrac{K}{\gamma_c k_{\mathrm{u}}} \sin(k_{\mathrm{u}} z)$，用其方均振幅 $\dfrac{K^2}{2\gamma_c^2 k_{\mathrm{u}}^2}$ 代替 x^2，那么高斯光束下电子在波荡器内的等效峰值调制电压可表示成

$$V_0 = R_z J k_{\mathrm{u}} \sqrt{\frac{8 P_{\mathrm{L}}}{\pi \varepsilon_0 c}} \int_0^{0.5 L_{\mathrm{u}}/R_z} \frac{A}{1+\hat{z}^2} \exp\left(-\frac{A^2}{1+\hat{z}^2}\right) \mathrm{d}\hat{z} \qquad (3\text{-}6)$$

其中 $A = \dfrac{K}{\sqrt{2}\gamma_c k_{\mathrm{u}} w_0}$。(3-6) 式利用了高斯光束的功率（单位为兆瓦）

$$P_{\mathrm{L}} = \frac{1}{2}\varepsilon_0 c E_0^2 \cdot \frac{1}{2}\pi w_0^2 \approx 21491.11898 \cdot \left(\frac{w_0}{\lambda_{\mathrm{m}}}\right)^2 a_0^2$$

由此可知，LM 等效的调制电压正比于激光功率的平方根，但在固定的激光功率条件下，可以通过调整激光的焦斑尺寸（或瑞利长度）最大化等效的调制电压，图 3.5（a）展示了这个过程。调制电压最优化的激光瑞利长度大约是波荡器长度的 $\dfrac{1}{3}$。这种优化本质上是调整激光模式在波荡器间隙内的体积（即模体积），在 $L_{\mathrm{u}} = 3.03 R_z$ 附近，模体积得到最大化。由此，最优化激光焦斑后的 LM 等效调制电压可表示为

$$V_0 = f(N_{\mathrm{u}}, K)\sqrt{P_{\mathrm{L}}}$$

其中参数 $f(N_{\mathrm{u}}, K)$ 只依赖于波荡器的周期数和 K 值，定义为

$$f(N_{\mathrm{u}}, K) = \frac{4}{3.03}\sqrt{\frac{2\pi}{\varepsilon_0 c}} N_{\mathrm{u}} J \int_0^{3.03/2} \frac{\tilde{A}}{1+\hat{z}^2} \exp\left(-\frac{\tilde{A}^2}{1+\hat{z}^2}\right) \mathrm{d}\hat{z}$$

且 $\tilde{A} = \dfrac{1}{2}\sqrt{\dfrac{3.03}{\pi N_{\mathrm{u}}}}\sqrt{\dfrac{2K^2}{2+K^2}}$。进一步对等效调制电压的优化则需要对波荡器周期数 N_{u} 和强度 K 进行调整。当 K 达到一定程度后，$f(N_{\mathrm{u}}, K)$ 将逐渐收敛，如图 3.5（b）所示。最终，CW 高斯激光作用下，完全优化的 LM 纵向聚焦强度 h 为

$$h = \frac{eV_0}{E_c}k = 3.26 \times 10^{-2}\frac{k\chi}{E_c}\sqrt{N_{\mathrm{u}} P_{\mathrm{L}}} \qquad (3\text{-}7)$$

与波荡器 K 值无关，仅正比于高斯激光功率和波荡器周期乘积的平方根。其中 χ 为对高斯激光的修正系数，其值约为 0.94；图 3.5（c）展示了 $K \to \infty$ 时 $f(N_u, K)$ 对波荡器周期数的依赖关系。

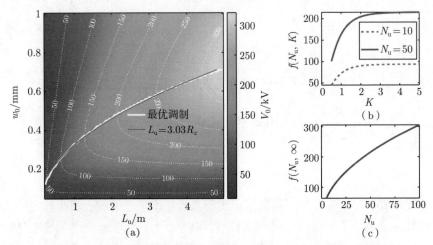

图 3.5　　激光调制器等效调制电压与激光焦斑和波荡器参数的关系

（a）$\lambda_u = 50\ \mathrm{mm}$ 时等效调制电压与激光焦斑和波荡器长度的关系；（b）模体积最大化条件 $L_u = 3.03R_z$ 下 $f(N_u, K)$ 随 K 的变化；（c）模体积最大化条件 $L_u = 3.03R_z$ 下 $f(N_u, K)$ 随 N_u 的变化

注：激光波长和功率统一为 $1\ \mu\mathrm{m}$ 和 $1\ \mathrm{MW}$。

连续高斯光束作用下 LM 纵向传输矩阵有别于 (3-2) 式。原因在于用聚焦的高斯光束对束流进行能量调制时，束流在 LM 波荡器内各周期中受到的能量冲击不再如平面波调制一样为定值。但对连续高斯光束作用下 LM 的纵向传输矩阵，可以根据 (3-6) 式分别只对波荡器各个周期积分，从而获得各周期受到的能量冲击，再根据波荡器每周期的 r_{56} 依次进行矩阵串接获得。其结果近似为 (3-7) 式、(3-4) 式和 (3-2) 式的结合。需要指出，高斯光束作用下，LM 实际上是带有纵向梯度的纵向聚焦元件。

以上分析建立在激光完全与波荡器共振的条件下。实际上，根据高斯光束的 Gouy 相位，可采用失谐法（detuning）进一步提升等效调制电压，即略微降低波荡器的磁场强度，以此提升电子的平均纵向速度 $\bar{\beta}_z$，使其在全波荡器范围内更好地匹配由聚焦效应导致的激光相位快速变化。下面对此过程进行简单分析。

假定 ψ 在全波荡器内的加速失相区最小，利用 $\dfrac{\mathrm{d}\psi}{\mathrm{d}t} = 0$ 可得电子的平均纵向速度为 $\bar{\beta}_z = \dfrac{k}{k + k_\mathrm{u} - 1/R_z}$。由于电子在波荡器内的平均纵向速度也可表示为 $\bar{\beta}_z = 1 - \dfrac{1}{2\gamma_c^2}\left(1 + \dfrac{K^2}{2}\right)$，考虑到 $k \gg k_\mathrm{u} > \dfrac{1}{R_z}$，有

$$\frac{1}{2\gamma_c^2}\left(1 + \frac{K^2}{2}\right) \approx \frac{k_\mathrm{u}}{k} - \frac{1}{kR_z}$$

在完全共振的情况下，$\dfrac{1}{2\gamma_c^2}\left(1 + \dfrac{K_0^2}{2}\right) \approx \dfrac{k_\mathrm{u}}{k}$，其中 K_0 表示完全共振的波荡器无量纲磁场强度。如果定义波荡器强度的偏移为 $\Delta K = K - K_0$，且 $\Delta K \ll 1$，那么

$$\frac{\Delta K}{K_0} = -\left(\frac{1}{K_0^2} + \frac{1}{2}\right)\frac{1}{k_\mathrm{u}R_z}$$

可以看到这个调节总是负向的，即需略微降低波荡器的磁场强度。图 3.6 展示了不同失谐程度时，高斯光束作用下 LM 的等效调制电压。其中实线为 ELEGANT[100] 模拟结果，虚线为完全共振点，点划线为最大等效调制电压的工作点。将 LM 波荡器 K 值负向调节约 0.037 后，等效调制电压可从 200 kV 上升至约 270 kV。

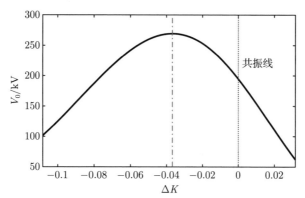

图 3.6　失谐法进一步提升高斯光束作用下 LM 等效调制电压

注：$\lambda_\mathrm{u} = 50$ mm，$N_\mathrm{u} = 50$，激光波长和功率分别为 1 μm、1 MW，已采用模体积最大化条件 $L_\mathrm{u} = 3.03R_z$。

　　失谐法可以进一步提升高斯光束作用下 LM 的等效调制电压，但也会打破模体积最大化条件。采用失谐法后，最优化的激光瑞利长度在波荡器周期数 N_u 较小时随 N_u 增加而增加，但逐渐稳定；最终在 N_u 较大时，最佳的瑞利长度不再依赖于 N_u。

3.2.3　脉冲高斯光作用下的调制

　　连续的高斯光束可以连续不断地对储存环内的微束团进行能量调制，使储存环运行在全环填充的状态，进而产生连续的辐射。但受限于激光或光腔所能提供的最大平均功率，连续模式的高斯光束平均功率目前只能达到百千瓦至一兆瓦的水平[101-102]，为获得更大的等效调制电压，同时尽可能维持正余弦的调制波形，需采用脉冲调制激光。本节将对脉冲高斯光作用下的束团能量调制进行分析。

　　脉冲高斯光的电场在 (3-5) 式的基础上多一个时间包络因子 $\exp(-t^2/\tau^2)$，其中 τ 表示脉冲激光的脉宽。对脉冲高斯的电磁场坡印廷矢量进行积分后，可以得到单脉冲所包含的能量为

$$W = \frac{1}{4}\pi w_0^2 \varepsilon_0 c E_0^2 \cdot \left[1 + \exp\left(-\frac{1}{2}\omega_L^2\tau^2\right) \right] \tau\sqrt{\frac{\pi}{2}} \tag{3-8}$$

式中括号左侧部分形式与连续高斯光功率相同，但此时表示脉冲高斯光的峰值功率；而括号内的 e 指数项在激光脉宽包含数十个激光周期时消失，即长脉冲的能量为其峰值功率与 $\sqrt{\pi/2}$ 和脉宽 τ 的乘积。脉冲高斯激光在时间范围 $t \in [-\tau, \tau]$ 内的能量占据全脉冲能量的约 95.45%，用此范围估计单脉冲光的平均功率可表示为

$$P_{as} = \frac{W}{2\tau} = \frac{1}{4}\pi w_0^2 \varepsilon_0 c E_0^2 \cdot \left[1 + \exp\left(-\frac{1}{2}\omega_L^2\tau^2\right) \right] \frac{1}{2}\sqrt{\frac{\pi}{2}}$$

大约为其峰值功率的 0.627 倍。

　　当脉冲高斯光被储存在光腔内，稳态情况下且不考虑反射损失时，如果用 f_{cav} 表示脉冲在光腔内的重频，那么光腔内储存的平均功率即为单脉冲的能量 (3-8) 式与 f_{cav} 的乘积。因而在光腔内平均功率一定时，脉冲光的峰值功率、脉宽和重频之积为定值。在纵向强聚焦方案中，为了获

得足够大的能量调制，需要的峰值功率很高，受限于光腔内反射镜所能承受的最大平均功率，激光只能采用脉冲模式。而脉冲在光腔内的重复频率则需要与电子束团在储存环内的重复频率相匹配。

现在分析脉冲高斯光作用下的能量调制强度。由 (3-6) 式可知，激光波荡器对束团的等效调制电压与束团在波荡器内感受到的峰值电场成正比。对于脉冲高斯激光而言，初始时刻在不同相位上同激光共同进入波荡器的束团感受到的峰值电场不同。由于脉冲高斯光的时域包络为 $\exp(-t^2/\tau^2)$，最终对位于每个激光周期过零点处的束团产生的等效调制电压也具有相同的包络，如图 3.7 所示。在脉冲高斯光正中心处的束团将具有最大的等效调制电压，用 h_c 表示其对应的调制强度，i_c 表示它的编号。那么对于储存环内的第 i 个束团，在脉冲高斯光作用下的调制强度可表示成

$$h_i = h_c \exp\left\{-\left[\frac{2\pi(i-i_c)}{\omega_{\mathrm{L}}\tau}\right]^2\right\}$$

在纵向强聚焦方案中，不同的调制强度表示着不同的束团压缩倍数，因而在辐射器处的束团长度也呈现类似的分布。但当束团的调制强度偏离设计值太远，束团可能由于纵向动力学孔径发生变化而不再稳定。因而在脉冲高斯光作用下，只有设计值附近的部分束团能够在储存环内稳定存在和发光。为最大程度利用激光并保证尽可能多的束团存在且发光，将脉冲高斯光的时间结构整形为平顶型是更好的选择。

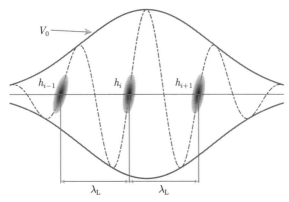

图 3.7　脉冲高斯激光对不同束团的调制强度示意

3.3　超低稳态纵向发射度的设计思想

根据第 2 章的结论，储存环稳态纵向发射度 ϵ_z 正比于沿全环的积分 $I_7 = \oint \dfrac{\beta_z(s)}{|\rho(s)|^3} \mathrm{d}s$ 和纵向阻尼系数 D_z 的比值。由于环内元件的分离特性，环积分 I_7 可看成是环内各部分积分之和，这也就意味着全环稳态纵向发射度即为环内所有二极场元件贡献的线性叠加，因而可定义各二极场元件对稳态纵向发射度的贡献量

$$\Delta I = \int_0^s \frac{\beta_z(\hat{s})}{|\rho(\hat{s})|^3} \mathrm{d}\hat{s} \tag{3-9}$$

$$= C_\alpha \alpha_\mathrm{i} + C_\beta \beta_\mathrm{i} + C_\gamma \gamma_\mathrm{i}$$

这里 $0 \sim s$ 的部分可以是单个元器件、一段束线甚至是全环，$(\alpha_\mathrm{i}, \beta_\mathrm{i}, \gamma_\mathrm{i})$ 表示入口处的纵向 Twiss 参数，而系数 C_α、C_β、C_γ 只与该段束线本身内部的结构有关，是该段束线的"本征参数"。考虑到 Twiss 参数之间的关系，可以发现 ΔI 存在极小值

$$\Delta I_\mathrm{min} = \sqrt{4 C_\beta C_\gamma - C_\alpha^2} \tag{3-10}$$

当且仅当该束线入口处的 Twiss 参数满足

$$\alpha_\mathrm{i} = \alpha_0 \equiv -C_\alpha / \Delta I_\mathrm{min}, \quad \beta_\mathrm{i} = \beta_0 \equiv 2 C_\gamma / \Delta I_\mathrm{min}, \quad \gamma_\mathrm{i} = \gamma_0 \equiv 2 C_\beta / \Delta I_\mathrm{min} \tag{3-11}$$

α_0、β_0 和 γ_0 均只与束线参数相关，将它们称为这段束线的"本征 Twiss"（intrinsic Twiss，IT）。本征 Twiss α_0、β_0 和 γ_0 是元件或束线的固有属性，当实际装置中的纵向 Twiss 与之匹配后，该元件或束线对稳态纵向发射度的贡献量达到最优。

由此，对降低储存环稳态纵向发射度的设计可以有两个层面的思考：① 对已有的束线，通过外部调整，使这段束线入口处的纵向 Twiss 满足其 IT。如此，该段束线对稳态纵向发射度的贡献量即被最小化。如果通过设计可使全环内各部分束线入口处的纵向 Twiss 与其 IT 匹配，全环的

稳态纵向发射度就达到最优。② 在上一方法的基础上，进一步降低纵向发射度的方法在于合理地设计各部分束线的本征参数 C_α、C_β、C_γ，使各部分 $\Delta I_{\min}$ 均尽可能小。

3.4 储存环纵向发射度的优化

3.4.1 储存环元件对稳态发射度的贡献

由于环积分 I_5、I_6、I_7 表示的量子激发过程均与二极场相关，故将包含二极场的器件称为"二极场元件"，如弯铁、波荡器、激光调制器等。下面着重分析这三类二极场元件对稳态纵向发射度的贡献。在此约定，用符号"$\simeq$"表示的近似与标准电子的能量 γ_c 有关，而"$\approx$"表示的近似与能量无关。

1. 弯铁

弯铁通常是储存环中量子激发的主要来源，也通常是稳态纵向发射度的主要贡献者。用 η_{xi} 和 η'_{xi} 分别表示弯铁入口处的色散和色散导数，那么在一块偏转角为 θ 的弯铁内部任意位置 $\hat{\alpha}$ 处的累计纵向漂移长度可以表示成

$$r_{56}(\hat{\alpha}) = -\eta_{xi}\sin\hat{\alpha} - \eta'_{xi}\rho(1-\cos\hat{\alpha}) - \rho(\beta_c^2\hat{\alpha} - \sin\hat{\alpha})$$

由此，利用 Twiss 函数的传输规律 (2-13) 式，可以获得在弯铁内各个位置处的纵向 β 函数，积分后可得弯铁的三个本征参数分别为

$$
\begin{cases}
C_\alpha = \dfrac{2\chi}{\rho}(1-\cos\theta) + \dfrac{\beta_c^2\theta^2}{\rho} + \dfrac{2\eta'_{xi}(\theta-\sin\theta)}{\rho} \\[2mm]
C_\beta = \dfrac{\theta}{\rho^2} \\[2mm]
C_\gamma = \dfrac{\eta'_{xi}\chi}{2}\cos 2\theta + \dfrac{\eta'^2_{xi}-\chi^2}{4}\sin 2\theta + \\[2mm]
\qquad 2(\kappa\chi + \beta_c^2\eta'_{xi})(1-\cos\theta) + 2(\eta'_{xi}\kappa - \beta_c^2\chi)(\theta-\sin\theta) + \\[2mm]
\qquad \dfrac{\beta_c^4\theta^3}{3} - \beta_c^2\eta'_{xi}\theta^2 - \dfrac{\eta'^2_{xi}-\chi^2}{2}\theta - \dfrac{\eta'_{xi}\chi}{2}
\end{cases}
$$

式中，$\chi = \dfrac{\eta_{xi}}{\rho} - 1$，$\kappa = \beta_c^2\theta + \eta_{xi}'$。结合 (3-10) 式不难发现，除了调整入口处的纵向 Twiss，弯铁入口处的色散和色散导数对调整其对纵向发射度的贡献量 ΔI_B 也有帮助，且通常而言，通过改变四极铁的强度调整弯铁入口处的色散是更常用的方法。为了更好地理解入口处纵向 Twiss 和色散的作用，可将环内所有的弯铁根据入口处色散情况分成三类，如图 3.8 所示，它们的本征 Twiss 函数和对稳态纵向发射度的贡献存在明显差别。A 类弯铁通常位于一个超周期入口处，它为整个超周期引入色散和色散导数，但入口处色散和色散导数均为零；B 类弯铁则位于超周期最后，是消色散弯铁，入口处色散和色散导数为定值；C 类弯铁则表示一般情形，入口处的色散和色散导数均可调整。

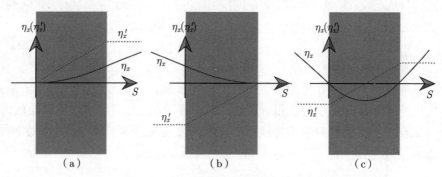

图 3.8　三类弯铁及其色散变化示意图

(a) $\eta_{xi} = \eta_{xi}' = 0$；(b) 消色散弯铁，$\eta_{xi} = \rho(1 - \cos\theta)$，$\eta_{xi}' = -\tan\theta$；(c) 一般情况的弯铁

　　由于 A、B 两类弯铁入口处的色散无法调整，它们的本征 Twiss 和对纵向发射度的最小贡献量 $\Delta I_{B\min}$ 只能通过调整其本身参数改变。图 3.9 给出了它们的本征 Twiss 和 ΔI_B 随偏转角的变化曲线。在各自的本征 Twiss 函数下，两类弯铁有着相同的最小纵向发射度贡献量，均可远小于偏离本征 Twiss 函数的情形。在一般的 $\gamma_c\theta \gg \sqrt{6}$ 情况下，$\Delta I_{B\min} \approx \dfrac{\theta^4}{4\sqrt{7}\rho}$。采用较小的偏转角可明显减小对纵向发射度的贡献。两类弯铁 $\Delta I_{B\min}$ 相同，本征 Twiss γ_0 也相同，均为

$$\gamma_0 \approx \frac{8\sqrt{7}\beta_c^2}{\theta^3\rho}$$

各自的本征 Twiss α_0 和 β_0 虽存在差别，但随 θ 的变化规律却类似（图 3.9（a））。在 $\gamma_c\theta$ 远偏离 $\sqrt{6}$ 时，α_0 均趋近于一个定值，β_0 随 $\gamma_c\theta$ 增加而增加。但当 $\gamma_c\theta$ 逼近 $\sqrt{6}$ 时，单块弯铁的纵向漂移长度趋近于零，α_0 和 β_0 均发生剧烈变化。

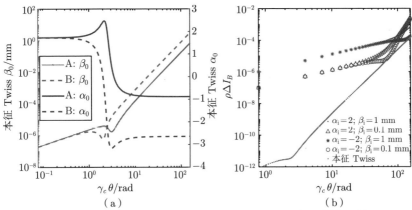

图 3.9 A、B 两类弯铁（a）本征 Twiss 和（b）最小纵向发射度贡献量 ΔI_B 随偏转角的变化曲线（前附彩图）

注：标准电子能量和弯铁偏转半径分别设为 400 MeV、1 m。

针对最一般的 C 类弯铁，由于入口处色散和色散导数也是调整 ΔI_B 的自由度，考虑四变量的全局优化，可得到在 $\theta \leqslant 0.5$ 且入口参数满足

$$
\begin{cases}
\eta_{xi} = \rho\dfrac{(1+\beta_c^2)\theta + \beta_c^2\theta\cos\theta - (1+2\beta_c^2)\sin\theta}{\theta - \sin\theta} & \text{(3-12a)} \\[3mm]
\eta'_{xi} = -\tan\dfrac{\theta}{2} & \text{(3-12b)} \\[3mm]
\alpha_i \simeq -\sqrt{7}\left(1 + \dfrac{\theta^2}{315}\right) & \text{(3-12c)} \\[3mm]
\beta_i \simeq \dfrac{\rho\theta^3}{15\sqrt{7}}\left(1 + \dfrac{\theta^2}{60}\right) & \text{(3-12d)}
\end{cases}
$$

时，C 类弯铁对稳态纵向发射度的贡献量可以达到最小值

$$
\Delta I_{B\min} \simeq \frac{\theta^4}{60\sqrt{7}\rho}\left(1 + \frac{\theta^2}{90}\right)
$$

相应的纵向本征 Twiss γ_0 为

$$\gamma_0 \simeq \frac{120\sqrt{7}}{\rho\theta^3}$$

(3-12) 式的前两个条件表明了纵向发射度最小化情况下，单块纵向均匀的弯铁内色散函数必须是对称分布，即在弯铁中心处色散导数恒为零，且色散为极小值[103]，如图 3.10（a）所示。而 (3-12c) 式和 (3-12d) 式也同样意味着弯铁本征 Twiss β_z 在中心位置处有极值，即 $\alpha_z = 0$。图 3.10（b）给出了 C 类弯铁内本征 Twiss β_z 和 α_z 的演化曲线。相比于色散函数，纵向 Twiss 函数的变化更剧烈，出现多次振荡。如前文所述，β 的极值不仅出现在 $\alpha_z = 0$ 处，也出现 $\dfrac{\eta_x}{\rho} = \dfrac{1}{\gamma_c^2}$ 的位置。尽管 β 的变化这样剧烈，但恰好使得单块弯铁内的局部动量压缩效应[68] 被最小化，因此对纵向发射度的贡献量也得到最优化。图 3.11 展示了 C 类弯铁对纵向发射度的贡献量与初始色散的依赖关系，可以发现在只优化入口纵向 Twiss 的情况下（实线），ΔI_B 相比不优化情况（虚线）可以大幅减小，而进一步采用 (3-12) 式所述的四个优化条件后，ΔI_B 还可以呈量级地减小，如图 3.11 中黑色五角星所示。

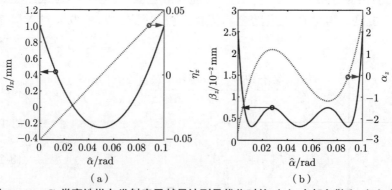

（a）　　　　　　　　　　　　　（b）

图 3.10　C 类弯铁纵向发射度贡献量达到最优化时的（a）内部色散和（b）纵向 Twiss 的变化曲线

总体上，在对入口参数进行优化后，A、B、C 三类弯铁对稳态纵向发射度的最小贡献量均正比于 θ^4/ρ。减小单块弯铁的偏转角可大幅降低储存环稳态纵向发射度。

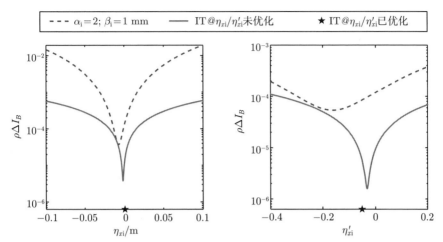

图 3.11　C 类弯铁对纵向发射度的贡献量与初始色散的依赖关系
注：标准电子能量和弯铁偏转半径分别设为 400 MeV、1 m。

2. 波荡器

波荡器是另一类二极场元件，电子在其中的扭摆运动使单圈辐射损失增加，也增强了横向的辐射阻尼效果[104]。由于这个原因，波荡器被广泛应用于同步辐射装置中。事实上除了横向效应，波荡器也会影响纵向的稳态发射度。

考虑一个理想的平面型波荡器，其中心平面内的磁场强度可表示成

$$B(z) = B_0 \cos(k_u z)$$

这里 B_0 是中心平面上磁场的峰值强度；$k_u = \dfrac{2\pi}{\lambda_u}$，$\lambda_u$ 表示波荡器的周期长度。假定入口处的色散导数为零，在该场型的波荡器内部，色散导数、色散和纵向漂移长度分别为

$$
\begin{cases}
\eta'_x(z) = \dfrac{K}{\gamma_c} \sin(k_u z) & \text{(3-13a)} \\[2mm]
\eta_x(z) = \eta_{xi} + \dfrac{K}{\gamma_c k_u} [1 - \cos(k_u z)] & \text{(3-13b)} \\[2mm]
r_{56}(z) \approx \dfrac{2\lambda_1 z}{\lambda_u} - \dfrac{K^2 \sin(k_u z)}{\gamma_c^2 k_u} \left[1 + \dfrac{\gamma_c k_u \eta_{xi}}{K} - \dfrac{\cos(k_u z)}{2} \right] & \text{(3-13c)}
\end{cases}
$$

式中，$K = \dfrac{eB_0}{m_e c k_u}$ 是波荡器的无量纲强度，η_{xi} 表示波荡器入口处的色散，

而 $\lambda_1 = \dfrac{\lambda_{\mathrm{u}}}{2\gamma_c^2}\left(1+\dfrac{K^2}{2}\right)$ 为波荡器的共振波长。在波荡器出口处，$z \equiv L_{\mathrm{u}}$，且 $\sin(k_{\mathrm{u}}L_{\mathrm{u}}) \equiv 0$，根据 (3-13c) 式可知，整个波荡器的纵向漂移长度为

$$r_{56}^{\mathrm{u}} = \frac{2\lambda_1 L_{\mathrm{u}}}{\lambda_{\mathrm{u}}} = 2N_{\mathrm{u}}\lambda_1 = \frac{L_{\mathrm{u}}}{\gamma_c^2}\left(1+\frac{K^2}{2}\right) \tag{3-14}$$

N_{u} 为波荡器的周期数。(3-14) 式意味着不论波荡器是否放置在色散位置处，它每个周期的纵向漂移长度都恰好是两倍的共振波长。

再次结合 (3-13c) 式和 (2-13) 式，可以得到波荡器内部任意位置处的纵向 Twiss β_z，积分后即可得到整个波荡器对稳态纵向发射度的贡献 $\Delta I_{\mathrm{u}} = \displaystyle\sum_{i=0}^{N_{\mathrm{u}}-1}\Delta I_i$。$\Delta I_i$ 表示波荡器第 i 个周期的贡献量，且

$$\Delta I_i = \int_0^{\lambda_{\mathrm{u}}} \frac{\beta_z(z)}{|\rho^3(z)|}\left(1+\frac{\eta_x'^2}{2}\right)\mathrm{d}z = C(\alpha_i,\beta_i,\gamma_i)^{\mathrm{T}} \tag{3-15}$$

这里 $(\alpha_i,\beta_i,\gamma_i)^{\mathrm{T}}$ 表示波荡器第 i 个周期入口处的纵向 Twiss，而 $C = (C_\alpha, C_\beta, C_\gamma)$。对波荡器而言，每周期的三个本征参数为

$$\begin{cases}
C_\alpha = -\dfrac{16K^3 k_{\mathrm{u}}^2 \lambda_1}{3\gamma_c^3} \\[2mm]
C_\beta = \dfrac{8K^3 k_{\mathrm{u}}^2}{3\gamma_c^3} \\[2mm]
C_\gamma = -\dfrac{K^3}{\gamma_c^7}\left(\dfrac{160}{27}+\dfrac{3712K^2}{675}+\dfrac{3112K^4}{4725}\right)+ \\[2mm]
\qquad \dfrac{\pi K^3}{\gamma_c^7}\left(\dfrac{28}{9}+\dfrac{167K^2}{45}+\dfrac{97K^4}{90}\right)+\dfrac{10\pi^2 K^3}{3\gamma_c^7}\left(1+\dfrac{K^2}{2}\right)^2
\end{cases}$$

它们均强烈依赖于电子的能量，但对于确定的标准电子能量和波荡器参数，它们同样是定值。在波荡器内部，由于没有能量冲击，γ_i 不会改变。因而对每个波荡器周期，纵向发射度贡献量的变化来源于 $\alpha_i C_\alpha$ 和 $\beta_i C_\beta$。

由于每周期的纵向漂移长度为 $2\lambda_1$，相应的纵向 Twiss 传输矩阵可

写为

$$
\boldsymbol{T}_D = \begin{bmatrix} 1 & 0 & -2\lambda_1 \\ -4\lambda_1 & 1 & 4\lambda_1^2 \\ 0 & 0 & 1 \end{bmatrix}
$$

如果用 $(\alpha_i, \beta_i, \gamma_i)$ 表示整个波荡器入口处的纵向 Twiss, 那么波荡器第 i 个周期入口处的纵向 Twiss 可用迭代方法获得, 即 $(\alpha_i, \beta_i, \gamma_i)^{\mathrm{T}} = \boldsymbol{T}_D^{i-1}(\alpha_i, \beta_i, \gamma_i)^{\mathrm{T}}$. 在波荡器内部, α_i 线性依赖于 z, 但 β_i 与 z 则具有二次关系。由此, 整个波荡器对稳态纵向发射度的贡献为

$$
\begin{aligned}
\Delta I_{\mathrm{u}} &= \sum_{i=0}^{N_{\mathrm{u}}-1} \Delta I_i = C\left(\sum_{i=0}^{N_{\mathrm{u}}-1} \boldsymbol{T}_D^i\right)(\alpha_i, \beta_i, \gamma_i)^{\mathrm{T}} \\
&= N_{\mathrm{u}} C \begin{bmatrix} 1 & 0 & (1-N_{\mathrm{u}})\lambda_1 \\ 2(1-N_{\mathrm{u}})\lambda_1 & 1 & \dfrac{2(N_{\mathrm{u}}-1)(2N_{\mathrm{u}}-1)}{3}\lambda_1^2 \\ 0 & 0 & 1 \end{bmatrix} \begin{bmatrix} \alpha_i \\ \beta_i \\ \gamma_i \end{bmatrix}
\end{aligned} \tag{3-16}
$$

波荡器对稳态纵向发射度的总贡献几乎线性依赖于初始的纵向 Twiss, 但如果考虑三个 Twiss 参数之间的关系, 可以发现存在最优化的初始纵向 Twiss, 即对应波荡器的本征 Twiss。图 3.12 展示了波荡器在不同初始 α_i 和 β_i 情况下对稳态纵向发射度的贡献量 ΔI_{u}。在 β_i 较小但变化率较大的位置处, 波荡器对纵向发射度的贡献量更大, 而本征 Twiss 大致出现在 $(\alpha_i, \beta_i) = (1.64, 112)$ 的位置。在本征 Twiss 参数下, 波荡器中心处的 α_z 依旧满足零的状态, 而此时整个波荡器对稳态纵向发射度的贡献量可以表示为

$$
\Delta I_{\mathrm{u\,min}} = \frac{N_{\mathrm{u}}}{3}\sqrt{-9C_\alpha^2 + 36C_\beta C_\gamma + 12C_\beta^2(N_{\mathrm{u}}^2-1)\lambda_1^2} \tag{3-17a}
$$

$$
\approx \begin{cases} 4.8369 k_{\mathrm{u}} N_{\mathrm{u}}^2 K^5/\gamma_c^5, & K \gg 1 \\ 9.6736 k_{\mathrm{u}} N_{\mathrm{u}}^2 K^3/\gamma_c^5, & K \ll 1 \end{cases} \tag{3-17b}
$$

近似为波荡器周期数的二次函数。

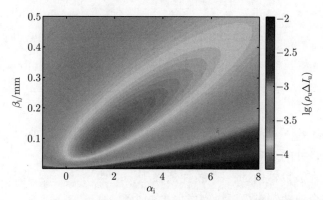

图 3.12 波荡器在不同初始 Twiss 下对稳态纵向发射度的贡献量

注：出于无量纲化的考虑，色标表示 ΔI_u 与波荡器峰值偏转半径 $\rho_\mathrm{u} = \dfrac{\gamma_c}{Kk_\mathrm{u}}$ 乘积的对数；波荡器

参数：$\lambda_\mathrm{u} = 50\,\mathrm{mm}$，$N_\mathrm{u} = 50$，$K = 6.857$。

根据 (3-16) 式，不难注意到波荡器长度（或周期数）对 ΔI_u 的影响包含线性和非线性两部分。矩阵外的线性部分较容易理解：当 N_u 增加，电子在波荡器中的振荡次数和辐射能量也相应线性增加。而矩阵内的非线性项则更加微妙一些，它们源于 β_z 在纵向的振荡。图 3.13（a）完全展示了 ΔI_u 随 N_u 的变化情况（随 N_u 非线性增长的现象非常显著，尤其在 N_u 较大时）。另外，在实际情况中更常见的操作是通过调整波荡器的间隙而调整 K 值。图 3.13（b）给出了这个调整过程中 ΔI_u 随 K 的变

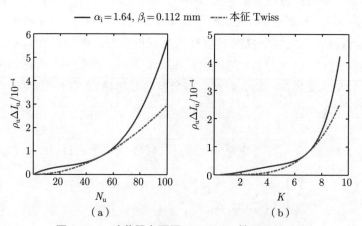

图 3.13 波荡器在不同 N_u 和 K 情况下的 ΔI_u

注：$\lambda_\mathrm{u} = 50\,\mathrm{mm}$，$K = 6.857$。

化。相对波荡器周期数 N_u，ΔI_u 对 K 更加敏感。在固定入口纵向 Twiss 情况下，ΔI_u 超过 K 的五次方，如图中实线所示。

如果波荡器被放置在色散位置处（如 $\eta_{xi} \neq 0$、$\eta'_{xi} = 0$），其将会对稳态纵向发射度产生额外的贡献。将 (3-13c) 式代入 (3-15) 式中，可以发现只有 C_γ 发生了改变。ΔI_u 会在初始色散为零的基础上多出两个与初始色散相关的项，即

$$
\begin{aligned}
\Delta I_u &= \Delta I_{u,\text{nodis}} + \Delta I_{u,\text{dis}} \\
&= \Delta I_{u,\text{nodis}} + \frac{8K^5 k_u^2 \eta_{xi}^2}{15\gamma_c^5}\gamma_i + \frac{K^4 k_u[30\pi + K^2(32 + 15\pi)]\eta_{xi}}{30\gamma_c^6}\gamma_i
\end{aligned}
\tag{3-18}
$$

多出的两项与初始色散有二次关系。

此外，电子在通过二极场时，会因为辐射而损失能量

$$
\Delta U_0 = \frac{e^2 \gamma_c^4}{6\pi\varepsilon_0} \int \frac{\mathrm{d}s}{\rho^2(s)}
$$

在波荡器中扭摆时，由于各处磁场强度不同，偏转半径 $\rho(z) = \dfrac{p_0}{eB(z)}$。因而波荡器对单圈辐射能量损失的贡献为

$$
\begin{aligned}
\Delta U_0 &\approx \frac{e^2 \gamma_c^4}{6\pi\varepsilon_0} \frac{1}{\rho_u^2} \int_0^{L_u} \cos^2(k_u z)\left(1 + \frac{x'^2}{2}\right)\mathrm{d}z \\
&= \frac{e^2 \gamma_c^4}{6\pi\varepsilon_0} \frac{L_u}{\rho_u^2}\left(\frac{1}{2} + \frac{K^2}{16\gamma^2}\right)
\end{aligned}
\tag{3-19}
$$

在储存环中加入波荡器后，纵向发射度的变化一方面源于波荡器的直接贡献，即 ΔI_u；另一方面，还会因为辐射能量损失的增加而增大 D_z。一般而言，波荡器（或阻尼扭摆器）的使用对 D_z 的影响要大于它本身引入的稳态纵向发射度贡献量，即总体效果是使全环稳态纵向发射度降低。但这并不绝对，在储存环本身纵向发射度较小或者加入的波荡器对纵向发射度贡献量 ΔI_u 较大时，波荡器的使用可能并不能降低全环稳态纵向发射度。

3. 激光调制器

根据激光调制器的传输矩阵 (3-2) 式，将波荡器周期数 N_u 设置为 1，可得激光调制器单周期的传输矩阵

$$M_{\text{mod},1} = \begin{pmatrix} 1 & 0 \\ h & 1 \end{pmatrix} \begin{pmatrix} 1 & \dfrac{2\sin\Delta\psi_1}{\nu_m k} \\ 0 & 1 \end{pmatrix} \begin{pmatrix} 1 & 0 \\ h & 1 \end{pmatrix} \tag{3-20}$$

其中，$h = -\dfrac{\nu_m k \tan(\pi\nu_m)}{2}$，一般情况下是较小的能量冲击；而 $\dfrac{2\sin\Delta\psi_1}{\nu_m k}$ 是等效的纵向漂移长度。当 $2\pi\nu_m \ll 1$ 时，$\dfrac{2\sin\Delta\psi_1}{\nu_m k} \approx 2\lambda_1$。这与波荡器每周期的纵向漂移长度为 $2\lambda_1$ 一致。因此，此时的激光调制器每周期过程可以看成是两端带有能量冲击的波荡器。需要指出，在激光调制器中，为了获得足够的能量调制，波荡器的强度 K 一般比较大，因而上述的近似只有当 $a_0 \ll 0.01$ 时才有效，本书中只考虑这样的情形。

结合 (3-20) 式和 (2-13) 式，可以获得纵向 Twiss 经过单个激光调制器周期的传输矩阵

$$T_M = \begin{pmatrix} \cos(2\Delta\psi_1) & \dfrac{\nu_m k \sin(2\Delta\psi_1)}{4} & -\dfrac{\sin(2\Delta\psi_1)}{\nu_m k} \\ -\dfrac{2\sin(2\Delta\psi_1)}{\nu_m k} & \cos^2\Delta\psi_1 & \dfrac{4\sin^2\Delta\psi_1}{\nu_m^2 k^2} \\ \dfrac{\nu_m k \sin(2\Delta\psi_1)}{4} & \dfrac{1}{4}\nu_m^2 k^2 \sin^2\Delta\psi_1 & \cos^2\Delta\psi_1 \end{pmatrix},$$

$$T_K = \begin{pmatrix} 1 & -h & 0 \\ 0 & 1 & 0 \\ -2h & h^2 & 1 \end{pmatrix}$$

T_K 表示每个激光调制器周期中两个能量冲击对应的纵向 Twiss 传输矩阵。如此，通过迭代可以得到在第 i 个周期入口处的纵向 Twiss 为 $(\alpha_i, \beta_i, \gamma_i)^{\text{T}} = T_K T_M^{i-1}(\alpha_i, \beta_i, \gamma_i)^{\text{T}}$，$(\alpha_i, \beta_i, \gamma_i)$ 依然表示整个激光调制器的初始纵向 Twiss。图 3.14 展示了不同同步相位下激光调制器内纵向 Twiss 的变化曲线。在 $\phi_s = \pi$ 附近，β_z 和 α_z 均呈现正余弦振荡的形式，振荡波长为 $\dfrac{\lambda_u}{2\nu_m}$，随着激光强度或纵向聚焦强度的增加而缩短。振荡的中心值为 $\beta_{z\text{cen}} = \dfrac{\beta_i}{2} + \dfrac{2\gamma_i}{k^2\nu_m^2}$，峰–峰值 $\Delta\beta_{z\text{pp}} = \dfrac{4}{k^2\nu_m^2\beta_{z\text{cen}}}$。在激光强度 a_0 较小时，$\beta_{z\text{cen}}$ 的第二项贡献较大。较大的中心值导致激

光波荡器对纵向发射度的贡献较大。当 ϕ_s 在 0 附近时，ν_m 变成了虚数，β_z 和 α_z 均呈现发散性增长，这将对稳态纵向发射度产生非常显著的贡献。

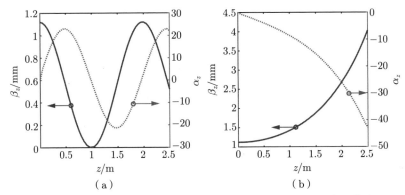

图 3.14 不同同步相位下激光调制器内纵向 Twiss 的变化曲线

(a) $\phi_s = \pi$，$a_0 = 4 \times 10^{-4}$；(b) $\phi_s = 0$，$a_0 = 4 \times 10^{-5}$

整个激光调制器对纵向发射度的贡献量 ΔI_m 为每个周期的贡献之和，即

$$\Delta I_m = C\boldsymbol{T}_K \left(\sum_{i=0}^{N_u-1} \boldsymbol{T}_M^i\right)(\alpha_i, \beta_i, \gamma_i)^{\mathrm{T}} = \frac{C}{\sin \Delta\psi_1}\boldsymbol{T}_t \begin{pmatrix} \alpha_i \\ \beta_i \\ \gamma_i \end{pmatrix} \quad (3\text{-}21)$$

其中

$$\boldsymbol{T}_t = \left(\begin{matrix} \dfrac{\cos\dfrac{\bar{\Delta}}{2}\sin\Delta\psi_m}{\cos\dfrac{\Delta\psi_1}{2}} & -\dfrac{\nu_m k\left(N_u\sin\dfrac{\Delta\psi_1}{2}\sin\Delta\psi_1+\sin\dfrac{\bar{\Delta}}{2}\sin\Delta\psi_m\right)}{4\cos\dfrac{\Delta\psi_1}{2}} \\[4mm] -\dfrac{\cos\Delta\psi_1-\cos\bar{\Delta}}{\nu_m k} & \dfrac{(1+2N_u)\sin\Delta\psi_1+\sin\bar{\Delta}}{4} \\[4mm] \dfrac{\nu_m k\sin^2\Delta\psi_m}{2\cos^2\dfrac{\Delta\psi_1}{2}} & \dfrac{\nu_m^2 k^2(2N_u\sin\Delta\psi_1-\sin 2\Delta\psi_m)}{16\cos^2\dfrac{\Delta\psi_1}{2}} \end{matrix}\right.$$

$$\left.\begin{matrix} \dfrac{N_u\sin\dfrac{\Delta\psi_1}{2}\sin\Delta\psi_1-\sin\dfrac{\bar{\Delta}}{2}\sin\Delta\psi_m}{\nu_m k\cos\dfrac{\Delta\psi_1}{2}} \\[4mm] -\dfrac{(1-2N_u)\sin\Delta\psi_1+\sin\bar{\Delta}}{\nu_m^2 k^2} \\[4mm] \dfrac{2N_u\sin\Delta\psi_1+\sin 2\Delta\psi_m}{4\cos^2\dfrac{\Delta\psi_1}{2}} \end{matrix}\right)$$

且 $\tilde{\Delta} = (2N_u - 1)2\pi\nu_m$。据此，$\Delta I_m$ 对激光强度和调制器周期数的依赖关系在图 3.15 中给出。图 3.15（a）中，$a_0 < 0$ 表示同步相位 $\phi_s = 0$，而 $a_0 > 0$ 的区域表示 $\phi_s = \pi$。可以看到，在零同步相位时，激光调制器对稳态纵向发射度的贡献快速上涨；而在 $\phi_s = \pi$ 的区域，当初始纵向 Twiss 偏离激光波荡器的本征 Twiss 后，ΔI_m 随 a_0 的增加呈现小振荡。随着初始纵向 Twiss 逐渐靠近本征 Twiss，振荡逐渐消失，ΔI_m 随 a_0 的增加而单调下降。ΔI_m 随 N_u 的变化也与 a_0 类似：在初始纵向 Twiss 偏离本征 Twiss 时出现振荡，靠近本征 Twiss 则逐渐消失。不同之处在于 ΔI_m 随 N_u 的增加基本呈单调增长，在本征 Twiss 情况下，ΔI_m 基本线性依赖于 N_u。

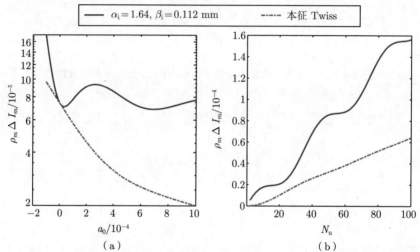

图 **3.15**　激光调制器对稳态纵向发射度的贡献量 ΔI_m 与（a）激光强度和（b）调制器周期数的依赖关系

注：（a）中，$N_u = 50$，$\lambda_u = 50$ mm；（b）中，a_0 被设定在 4×10^{-4}。图中 ρ_m 是调制器中波荡器的峰值偏转半径。

3.4.2　弧形束线和储存环的最小纵向发射度

1. 纵向漂移单元

在水平和垂直方向，漂移段是一段物理空间；但对纵向而言，漂移段则是任意一段具有动量压缩效应的空间或者束线。图 3.16 展示了三种典型的纵向漂移段。图 3.16（a）表示长度为 L 的物理空间，它的纵向漂移长度 $r_{56} = \dfrac{L}{\beta_c^2 \gamma_c^2}$ 与空间长度 L 成正比，但由于反比于电子动量平方，在电子能量较高时，实现较大 r_{56} 需要的空间极大，因而这类纵向漂移段在低能量时作用更明显。高能情况下，采用图 3.16（b）磁压缩器或者图 3.16（c）消色散的弧形束线是更好的选择。磁压缩器不会改变束流的传输方向，但在弯铁的偏转强度固定时，其 r_{56} 也依赖于磁压缩器的长度；消色散的弧形束线在储存环中被大量使用，它会改变束流方向，但 TBA 和 MBA 的 r_{56} 可通过调节内部弯铁处的色散而改变，进一步放宽了高能时对空间距离的要求。

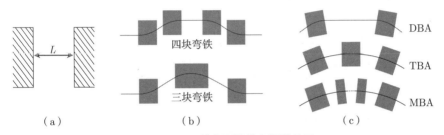

图 3.16　三种典型的纵向漂移单元
（a）纯粹的空间；（b）四块和三块弯铁构成的磁压缩器；（c）一系列的弧形束线

在后两类纵向漂移段中，尽管弯铁的引入可以打破高能时实现较大 r_{56} 的空间需求限制，但引入的非线性效应也需要更仔细的处理。此外，由于辐射和量子激发，长期运动时引入的纵向发射度贡献同样不可忽略，这也正是 SSMB 所要考虑的。

2. 弧形束线和储存环的纵向发射度极限

当弧形束线或储存环内部每块弯铁各自对稳态纵向发射度的贡献都达到最小值时，整个弧形束线对纵向发射度的贡献或者储存环本身的稳态纵向发射度达到最小值。此时所有弯铁内的实际纵向 Twiss 均为其本征 Twiss (IT)，即所有弯铁均工作在其 IT 状态，且所有弯铁的 IT γ_0 均相等。根据三类弯铁 IT γ_0 的关系，可知 A、B 两类弯铁与 C 类弯铁之间的参数需满足 $\beta_c^2 \rho \theta^3 = 15 \rho_m \theta_m^3$，这里带角标 "$m$" 的参量表示 A、B 两类弯铁的偏转半径和偏转角度。

此外，为了保证所有弯铁对纵向发射度贡献都达到最小，所有弯铁之间的间隔需满足纵向 IT 的匹配关系，表 3.1 给出了纵向 IT 匹配时各类弯铁之间的间隔与弯铁参数之间的关系，其中的 "$\approx$" 表示在 $\gamma_c \theta_m \gg 1$

时的近似。匹配段 A → B 主要存在于 DBA 内，而 B → A 通常是超周期之间的直线部分。总体上，所有间隔均正比于 γ_c^2、磁铁偏转角的立方和偏转半径。为了保证所有间隔在合理的范围，磁铁的偏转角不能太大。图 3.17 给出了三种典型弧形束线匹配的纵向 Twiss，每块弯铁均工作在其 IT 状态。超周期之间纵向 Twiss 的匹配方法除了采用 L_d 的空间距离，还可以采用单纵向聚焦元件或者双纵向聚焦元件的方法，如图 3.18 所示。单个纵向聚焦元件必须放置在中心处，且需要的等效调制电压较大，非线性效应较强；双纵向聚焦元件的放置则需关于中心对称，所需要的调制电压较小。

将这些弧形束线按照纵向 Twiss 匹配的规则排布后，可得到一个纵向发射度处于极限水平的储存环，不考虑环内的波荡器或者激光调制器对纵向发射度的贡献，储存环的极限纵向发射度可以表示成

$$\epsilon_z = \frac{11}{48\sqrt{21}} \frac{\lambda_e}{32\pi} \gamma_c^2 \beta_c^2 \theta^3 \tag{3-22}$$

正比于环内弯铁偏转角的立方。其中 λ_e 为电子的康普顿波长。考虑到在匹配段中心处 $\beta_z \approx \dfrac{\beta_c^2 \rho \theta^3}{120\sqrt{7}}$，可得环内束团的稳态能散满足关系

$$\sigma_\delta^2 \approx \frac{55\sqrt{3}}{48} \frac{\lambda_e}{4\pi} \frac{\gamma_c^2}{\rho} \tag{3-23}$$

它只与储存环弯铁的偏转半径有关，但该处的束长则正比于 $\gamma_c \beta_c^2 \theta^3 \sqrt{\rho}$，减小弯铁的偏转半径可快速降低束团长度。

表 3.1　各类弯铁 IT 匹配距离

匹配段	距离表达式
A→B	$L_s = \rho_m \gamma_c^2 \dfrac{2 - 2\cos\theta_m + \beta_c^2 \theta_m^2 - 2\theta_m \sin\theta_m}{\theta_m} \approx \dfrac{\gamma_c^2 \rho_m \theta_m^3}{4}$
B→A	$L_d = \gamma_c^2 \rho_m \dfrac{-2 + 2\cos\theta_m + \beta_c^2 \theta_m^2}{\theta_m} \approx \gamma_c^2 \rho_m \left(-\dfrac{\theta_m}{\gamma_c^2} + \dfrac{\theta_m^3}{12} - \dfrac{\theta_m^5}{360} \right)$
A→C 或 C→B	$L_{mc} \approx \dfrac{\gamma_c^2 \rho_m \theta_m^3}{4}$
C→C	$L_c = \dfrac{\beta_c^2 \gamma_c^2 \rho (\theta^2 + \theta \sin\theta - 4 + 4\cos\theta)}{\theta - \sin\theta} \approx \dfrac{\beta_c^2 \gamma_c^2 \rho \theta^3}{60}$

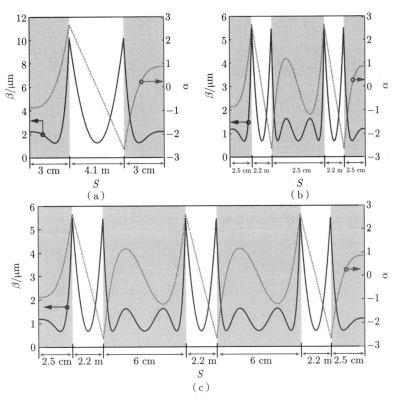

图 3.17　三种典型弧形束线匹配的纵向 Twiss

（a）DBA；（b）TBA；（c）MBA

注：图中的 x 轴表示纵向位置，但弯铁内部（灰色背景区域）被放大，并以厘米为单位；在弯铁之间，β_z 按距离的二次关系变化，α_z 线性变化，采用米为单位。但在各部分内，x 轴是线性变化的。

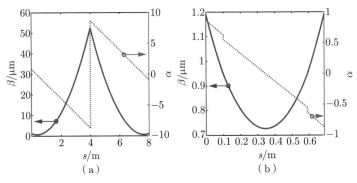

图 3.18　两个弧形束线的纵向 Twiss 匹配

（a）单个纵向聚焦元件；（b）双纵向聚焦元件

3.4.3　储存环纵向发射度优化的方法

3.4.2 节所描述的纵向发射度极限一般难以实现。原因在于储存环达到纵向发射度极限时必须满足以下条件：

1. 两个纵向聚焦单元之间的所有弯铁具有相同的本征 Twiss γ_0；

2. 弯铁之间的间隔可以完全匹配 α 和 β；

3. 纵向聚焦单元的引入和设置不会改变环内的纵向 Twiss 函数，同四极铁在横向的作用类似，它们仅用于纵向 Twiss 的匹配。

当这几个条件中任意一个被破坏，储存环将偏离极限纵向发射度。另外一个实际的因素在于，对高能储存环，达到纵向发射度极限状态下的环长将正比于 γ_c^2，这是不可接受的。因而现存的储存环工作状态实际上距纵向发射度极限很远，也因此具有很大的优化空间。从简到繁、由浅及里的一般性优化方法可归纳为：

1. 分析所有纵向聚焦元件之间的束线的本征参数，根据本征参数获得最优的入口纵向 Twiss，并通过调节纵向聚焦元件的聚焦强度，使工作的纵向 Twiss 与最优的纵向 Twiss 接近；

2. 调整二极场元件之间的间隔，改变纵向聚焦单元之间束线的本征参数，使所有二极场元件对稳态纵向发射度的贡献 $\Delta I_{\min}$ 尽可能小；

3. 优化弯铁偏转角及相互间的间隔，进一步改变纵向聚焦单元之间的束线的本征参数。

3.5　小　　结

本章重点对实现 SSMB 的两大关键点——LM 和低纵向发射度储存环的设计做了详细讨论，给出了 LM 传输矩阵与激光和波荡器之间的理论关系；之后分析了储存环中典型的各二极场元件对稳态纵向发射度的贡献及储存环的理论最小纵向发射度，给出了一套基于本征 Twiss 参数的电子储存环稳态纵向发射度优化方法。

第 4 章　SSMB 纵向强聚焦线性理论

　　高增益谐波生成（high-gain harmonic generation，HGHG）是一种在 FEL 中重要的束团压缩和谐波辐射方案。其原理是利用一个或多个 RF 对上游过来的电子束进行能量调制，在电子束中产生头部能量低、尾部能量高的能量啁啾。这样的电子束在经过后续的纵向色散单元时，其纵向相空间发生旋转，长度可大幅缩短，束团峰值流强也可得到数倍的提升。在整个过程中，RF 腔的作用类似于一个聚焦元件，但与四极铁的区别在于 RF 腔的聚焦作用体现在纵向。

　　由于 HGHG 方案在 FEL 中的广泛应用，其技术已相对成熟，可将这样的压缩方案引入储存环内，从而在环内局部位置实现更短的束长，如图 4.1 所示。然而相比于 FEL 的单次通过（single-pass）运行模式，储存环内的电子束将以兆赫兹量级的回旋频率重复通过压缩段。因此为了实现稳态运行，将束团压缩并在辐射器处进行发光后，还需在将其送回环内之前使其能散和束长降至储存环可接受的范围，即束长拉伸和去能量调制的过程。这个过程可采用与压缩过程完全相同的纵向色散和 RF 实现。在传统的弱聚焦储存环中，束团的长度在全环内变化不大，纵向同步振荡频数很小。但在这样的运行模式下，稳态时的电子束团在整个储存环内的束长将呈现强烈的振荡，纵向同步振荡频数不再远小于 1，属于纵向强聚焦运行。图 4.1 展示了整个纵向强聚焦（longitudinal strong focusing，LSF）单元在环内的排布和束团的纵向相空间变化。

　　在纵向强聚焦段内采用 RF 时，为了在辐射点处获得较短的束团，需要 RF 提供较大的能量调制强度，但由于 RF 的波长较长，纵向聚焦强度较弱，因而束团的压缩效果相对有限。LM 具有更短的波长，能够提供更大的纵向聚焦强度。用 LM 替换纵向强聚焦段内的 RF，结合低纵向发射度的设计，可使环内稳态电子束长维持在数十纳米，相比传统储存环小六个量级。这样微束团已经可以产生波长在数十纳米至数百纳米之间的相干光。而在强聚焦段内，束长则可被压缩至数纳米，借助波荡器可产生千瓦级的大功率相干 EUV 光。

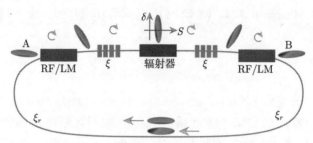

图 4.1   LSF 单元在环内的排布示意图

本章将对整个强聚焦运行模式进行理论分析。考虑到 LM 的能量调制过程比 RF 更加复杂，且它对稳态纵向发射度也有贡献，分析将首先从双 RF 纵向强聚焦着手，这部分分析完全适用于传统储存环，可在毫米或亚毫米长的束团基础上获得更短的束长，也是双 LM 纵向强聚焦的薄透镜近似。之后再在此基础上拓展至双 LM 的 SSMB 纵向强聚焦情形，这也是清华大学 SSMB-EUV 纵向强聚焦储存环设计的理论基础。

4.1   双 RF 作用下的纵向强聚焦

4.1.1   双 RF 纵向强聚焦线性动力学

图 4.1 包含了纵向强聚焦段的全环结构，用 ξ 表示纵向强聚焦段中单个纵向色散单元的纵向漂移长度，V_0 表示每个 RF 腔的峰值调制电压，$k = \dfrac{2\pi}{\lambda_\mathrm{m}}$ 为 RF 的波数，E_c 为标准电子能量。从单电子纵向位置演化关系出发，假定初始纵向坐标为 $(z_\mathrm{i}, \delta_\mathrm{i})$ 的电子自图 4.1 中 A 点出发，首先会经过第一个 RF 腔，纵向状态变为

$$\begin{cases} z_1 = z_\mathrm{i} \\ \delta_1 = \delta_\mathrm{i} + \dfrac{eV_0}{E_c}\sin(kz_\mathrm{i}) \end{cases}$$

在连续通过接下来的两个纵向色散单元和辐射装置后

$$
\begin{cases}
z_2 = z_1 + 2\xi\delta_1 \\
\delta_2 = \delta_1
\end{cases}
$$

紧接着便是第二个 RF 腔

$$
\begin{cases}
z_3 = z_2 \\
\delta_3 = \delta_2 + \dfrac{eV_0}{E_c}\sin(kz_2)
\end{cases}
$$

在稳态情况下，此处的电子能量偏差应已经降至储存环可接受的范围。在此之后，电子进入储存环并在环内运动，直到回到 A 点。至此，电子在整个储存环中经过完整一圈，但其纵向状态变成

$$
\begin{cases}
z = z_3 + 2\xi_r\delta_3 \\
\delta = \delta_3
\end{cases}
$$

为更加清晰地表示始末状态之间的关系，将坐标 (z, δ) 用 (z_i, δ_i) 表示。同时用以下规则对所有物理量进行无量纲处理

$$
\begin{cases}
\theta = kz, \quad I = \xi k\delta, \quad R = \dfrac{\xi_r}{\xi}, \\
\theta_i = kz_i, \quad I_i = \xi k\delta_i, \quad K = \xi k\dfrac{eV_0}{E_c}
\end{cases}
$$

便可以得到在 A 点处的单圈演化迭代关系

$$
\begin{cases}
\theta = \theta_i + 2I_i + 2K\sin\theta_i + 2R\left[I_i + K\sin\theta_i + K\sin(\theta_i + 2I_i + 2K\sin\theta_i)\right] \\
I = I_i + K\sin\theta_i + K\sin(\theta_i + 2I_i + 2K\sin\theta_i)
\end{cases}
$$

$$(4\text{-}1)$$

这个关系可看作是两次的迭代，即：

1. $$
\begin{cases}
I_t = I_i + K\sin\theta_i \\
\theta_t = \theta_0 + 2I_t
\end{cases}
$$

2. $$
\begin{cases}
I = I_t + K\sin\theta_t \\
\theta = \theta_t + 2RI
\end{cases}
$$

对于环内只有一个 RF 腔的情形，单圈的迭代关系将只由第一步构成。这种情况在文献 [80, 93] 已经得到了详细地讨论。但对于包含两个 RF 腔和纵向强聚焦段的情形，单圈传输的迭代关系还包括第二步。与第一步相比，第二步具有相似的形式；不同之处在于第二步 θ 的迭代多了一个 R 因子，使得双 RF 的情形更加复杂。数学上，当 $R = 1$ 时，双 RF 的情形完全等同于单 RF 的两周期模式。然而一般情况下，纵向强聚焦段的纵向漂移长度 ξ 与环的 ξ_r 符号相反，即 $R < 0$。因此双 RF 的情形无法等同于单 RF 的两周期模式。

1. 线性传输矩阵及稳定性条件

由于 (4-1) 式的迭代关系包含了强非线性，解析结果难以求得。但可以通过将其线性化，进而只研究能量和位置偏差较小的电子的运动。为此，假设存在一个电子，其初始状态与初始状态为 (θ_i, I_i) 的电子略微不同，即 $(\theta_i + \Delta\theta_i, I_i + \Delta I_i)$，且 $\Delta\theta_i$、ΔI_i 都是小量。在全环中回旋一圈后，它的最终状态为 $(\theta + \Delta\theta, I + \Delta I)$。由此

$$
\begin{pmatrix} \Delta\theta \\ \Delta I \end{pmatrix} = T_{An} \begin{pmatrix} \Delta\theta_i \\ \Delta I_i \end{pmatrix} \tag{4-2}
$$

这里，T_{An} 为 2×2 的单周期雅可比（Jacobi）矩阵，且

$$
\begin{cases}
T_{An}(1,1) = 1 + 2K\cos\theta_i + 2R[K\cos\theta_i + K(1 + 2K\cos\theta_i)\cdot \\
\qquad\qquad \cos(\theta_i + 2I_i + 2K\sin\theta_i)] \\
T_{An}(1,2) = 2 + 2R[1 + 2K\cos(\theta_i + 2I_i + 2K\sin\theta_i)] \\
T_{An}(2,1) = K\cos\theta_i + K(1 + 2K\cos\theta_i)\cos(\theta_i + 2I_i + 2K\sin\theta_i) \\
T_{An}(2,2) = 1 + 2K\cos(\theta_i + 2I_i + 2K\sin\theta_i)
\end{cases}
$$

迭代关系 (4-1) 式可存在不止一个不动点，这里仅关注 $\theta_i = 0$ 和 $I_i = 0$ 所在不动点附近的情形。如此，T_{An} 退化成单圈的线性传输矩阵

$$
\begin{cases}
T_A = \begin{pmatrix} 1 + 2K + 4RK + 4RK^2 & 2 + 2R + 4RK \\ 2K + 2K^2 & 1 + 2K \end{pmatrix} & \text{(4-3a)} \\
\\
T_A = \begin{pmatrix} 4\varphi\varphi_r - 2\varphi - 1 & \dfrac{2}{h}(2\varphi\varphi_r - \varphi_r - \varphi) \\ 2h\varphi & 2\varphi - 1 \end{pmatrix} & \text{(4-3b)}
\end{cases}
$$

这里，$h = k\dfrac{eV_0}{E_c}$ 表征 RF 的调制强度。(4-3a) 式为无量纲坐标系 (θ, I) 下的表达式；而 (4-3b) 式为在物理坐标系 (z, δ) 下的表述。其中 $\varphi = 1 + K = 1 + h\xi$，$\varphi_r = 1 + RK = 1 + h\xi_r$。

同理可得在辐射器处和它对侧点处的传输矩阵

$$
\begin{cases}
\boldsymbol{T}_{\mathrm{R}} = \begin{pmatrix} 2\varphi\varphi_r - 1 & \dfrac{2\varphi}{h}(\varphi\varphi_r - 1) \\ 2h\varphi_r & 2\varphi\varphi_r - 1 \end{pmatrix} & (4\text{-}4\mathrm{a}) \\[4mm]
\boldsymbol{T}_{\mathrm{Ro}} = \begin{pmatrix} 2\varphi\varphi_r - 1 & \dfrac{2\varphi_r}{h}(\varphi\varphi_r - 1) \\ 2h\varphi & 2\varphi\varphi_r - 1 \end{pmatrix} & (4\text{-}4\mathrm{b})
\end{cases}
$$

根据 (4-3)式、(4-4a) 式或 (4-4b) 式，电子束的纵向同步振荡频数为

$$\cos(2\pi\nu_z) = 2\varphi\varphi_r - 1 \tag{4-5}$$

相应的，稳定性条件则为

$$0 < \varphi\varphi_r < 1 \tag{4-6}$$

在 φ 和 φ_r 空间内，此稳定性条件将全空间划分成了一、三象限的两个部分，如图 4.2 所示。当两 RF 的调制相位发生 π 的相移时，调制强度 h 变号，参数空间中所有的纵向同步振荡频数将关于原点对称互换。由 (4-5) 式可知，对于某一确定的纵向同步振荡频数，φ 和 φ_r 之间满足反比关系。图 4.2 中白色实线展示了几条典型的共振线。

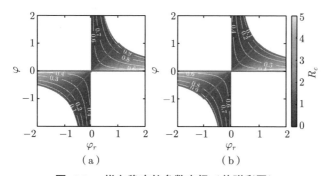

图 4.2　纵向稳定的参数空间（前附彩图）

注：（a）中 $h > 0$；（b）中 $h < 0$。白色等高线为 ν_z 共振线，背景表示压缩系数，红框内的区域满足压缩系数 $R_c > 1$。

2. 束团压缩系数

根据 (4-3) 式、(4-4a) 式和 (4-4b) 式的单圈传输矩阵，可得在 A 点、辐射器和其对侧点处的纵向 β 函数

$$
\begin{cases}
\beta_{\text{A}} = \dfrac{1}{|h|} \dfrac{|2\varphi\varphi_r - \varphi_r - \varphi|}{\sqrt{\varphi\varphi_r(1 - \varphi\varphi_r)}} & (\text{4-7a}) \\[4mm]
\beta_{\text{R}} = \dfrac{1}{|h|} \sqrt{\dfrac{\varphi(1 - \varphi\varphi_r)}{\varphi_r}} = \left| \dfrac{\varphi}{h} \tan(\pi\nu_z) \right| & (\text{4-7b}) \\[4mm]
\beta_{\text{Ro}} = \dfrac{1}{|h|} \sqrt{\dfrac{\varphi_r(1 - \varphi\varphi_r)}{\varphi}} = \left| \dfrac{\varphi_r}{h} \tan(\pi\nu_z) \right| & (\text{4-7c})
\end{cases}
$$

由环的对称性可知，在辐射器及其对侧位置处的纵向 β 函数为极值（即 $\alpha_z = 0$），束团的纵向相空间分布呈正椭圆。用 ϵ_z 表示稳态纵向发射度，那么这两个位置处的束长可分别表示成 $\sigma_{z\text{R}} = \sqrt{\epsilon_z\beta_{\text{R}}}$ 和 $\sigma_{z\text{Ro}} = \sqrt{\epsilon_z\beta_{\text{Ro}}}$。定义束团长度的压缩系数

$$
R_c = \frac{\sigma_{z\text{Ro}}}{\sigma_{z\text{R}}} = \sqrt{\frac{\beta_{\text{Ro}}}{\beta_{\text{R}}}} = \sqrt{\frac{\varphi_r}{\varphi}}
$$

它与 φ 和 φ_r 呈现相对简单的关系。我们期望在辐射器位置处的束长更短（即 $R_c > 1$），但并非所有参数下该条件都能得到满足。图 4.2 中彩色背景表示不同参数下的压缩系数。只有在红色框线内的参数值才是我们期待的情形，参数空间占整个稳定区间的一半。对同样的压缩倍数而言，φ 和 φ_r 成正比关系，此斜率越小，对应的压缩倍数越大，因而高压缩参数区域趋近于图 4.2 中的 φ 轴。

4.1.2　双 RF 纵向强聚焦的纵向动力学孔径

1. 同步振荡频数随振幅的偏移

在不动点 $(\theta_\text{i}, I_\text{i}) = (0, 0)$ 处，对固定的 R 和 K，纵向同步振荡频数 ν_z 为定值。然而根据 (4-2) 式，由于 RF 腔对能量调制的非线性，单圈的传输矩阵 $\boldsymbol{T}_{\text{An}}$ 与电子的初始状态 $(z_\text{i}, \delta_\text{i})$ 相关。不同初始状态下的平

均纵向同步振荡频数可表示成

$$\cos[2\pi(\nu_z + \Delta\nu)] = 1 + 2RK^2 \cos\theta_i \cos(\theta_i + 2I_i + 2K\sin\theta_i) +$$
$$K(1 + R)[\cos\theta_i + \cos(\theta_i + 2I_i + 2K\sin\theta_i)]$$

此式表明，平均纵向同步振荡频数同时依赖于电子初始时刻位置和能量偏移的幅值。随着 θ_i 和 I_i 的增大，同步振荡频数相对小振幅情况出现偏移。然而，此式只能定性描述同步振荡频数与电子初始时刻幅值的依赖关系，准确的 ADTS 需要利用 (4-1) 式迭代计算，结果如图 4.3 实线所示。随着初始相位的增加，平均纵向同步振荡频数逐渐单调改变。当 ν_z 靠近 $\left(\dfrac{1}{2}, \dfrac{2}{5}, \dfrac{3}{8}, \dfrac{5}{14}, \dfrac{1}{3}, \dfrac{1}{4}, \dfrac{1}{5}, \dfrac{1}{6}, \dfrac{1}{7}, \cdots\right)$ 共振线时，便会被束缚在"共振小岛"上。$\dfrac{1}{N}$ 共振线对应有 N 个"小岛"，随着电子在环内回旋，其状态将在这些"小岛"上跳跃。图 4.3 所示的情形中，在整个纵向稳定区内包含了两个共振点 $\left(\dfrac{1}{3}\ \text{和}\ \dfrac{3}{10}\right)$。就 ADTS 的单调性而言，$h > 0$ 时（图 4.2（a）），同步振荡频数随振幅的增加而增加；$h < 0$ 时（图 4.2（b）），同步振荡频数随振幅的增加而减小。总体而言，ADTS 的方向朝着 φ 和 φ_r 的正向进行。

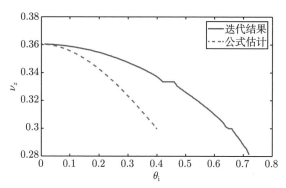

图 4.3　平均纵向同步振荡频数 ν_z 随初始相位的变化

注：$K = -0.938$, $R = -2.036$。

2. 纵向动力学孔径

电子在纵向相空间内可稳定存在的区域称为"纵向动力学孔径"，在纵向弱聚焦情况下（$\nu_z \ll 1$）也叫"纵向稳定区"（bucket）。在强聚焦情况下或电子在环内局部区域出现强烈纵向振荡时，纵向动力学孔径将与弱聚焦的情况呈现巨大差异。

双 RF 作用下的纵向动力学孔径可以通过映射关系 (4-1) 式的数值迭代得到。对不同的 K 和 R，通过反复迭代计算，可得一系列 θ 和 I，它们构成了在观察点 A 处的庞加莱截面（Poincaré surface of section）。但这样的截面只能在一定程度上表征物理坐标系下的纵向动力学孔径尺寸。要得到物理坐标 (z, δ) 下的绝对大小，还必须明确 ξ_r、ξ 或 h 中的任意一个量。

图 4.4 展示了一个典型的纵向动力学孔径，其同步振荡频数对应于图 4.3。如前所述，随着电子初始位置 θ_i 的增加，其纵向同步振荡频数不断减小，在电子达到动力学孔径边界以前会碰到两个共振点，其中一个有三个"小岛"，另外一个有十个"小岛"。图 4.4 中黑色虚线为动力学孔径的边界线。只要电子的初始状态位于边界线之外，它在环内的运动将被认为是不稳定的，(4-1) 式的迭代也将是发散的。但有一个例外：在主孔径的外部还存在一个 $\frac{1}{4}$ 共振点（相应存在四个"小岛"），在这个共振点的附近，电子的运动是稳定的。然而，由于这个共振点已经在主孔径以外，因而不再过多予以考虑和讨论。需要指出的是，在每一个共振点附近，尽管电子运动的主要同步振荡频数值由共振点决定，但其运动还存在其他成分的振荡分量。

环内的纵向动力学孔径高度难以从理论分析得出，但可以通过数值迭代的结果进行分析。一般而言，我们关注环内辐射器对侧点处的动力学孔径，即图 4.4（c）所示。纵向动力学孔径高度定义为黑色边界线最大值与最小值之差 δ_{max}，即黑色区域的全高。尽管 $I_{max} = \xi k \delta_{max}$ 可以用来表示动力学孔径高度，但它与 ξ 相关。为了使动力学孔径高度与环和强聚焦段的纵向漂移长度解耦合，可利用 h 来使动力学孔径高度无量纲化。如此，数值迭代扫描得到的无量纲动力学孔径高度 $k\delta_{max}/h$ 如图 4.5 所示。横纵坐标和动力学孔径高度均由 h 实现无量纲化。总体上，当主环和强聚焦段的纵向漂移长度 ξ 和 ξ_r 均趋近于零时（图 4.5 中的原点），动力学孔径较高。但在这附近，全环的纵向表现更接近于弱聚焦的情况。当 $h\xi$ 和 $h\xi_r$ 逐渐偏离原点，孔径逐渐减小。结合图 4.2 中压缩系数的变化关系可以发现，最终的工作点只能在压缩倍数和纵向动力学孔径之间作权衡。压缩系数较大的区域纵向动力学孔径高度较小。对于图 4.2 中所有位于第三象限的工作点，由于 $h\xi$ 和 $h\xi_r$ 均较大，动力学孔径普遍较低。由此，最终工作点更有可能在第一象限选取。

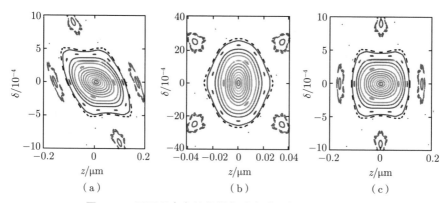

图 4.4　不同观察点处的纵向动力学孔径（前附彩图）

（a）A 点；（b）辐射器位置；（c）辐射器对侧

注：$\xi_r = -102\,\mu\text{m}$，$\xi = 50\,\mu\text{m}$，$V_0 = 1.19\,\text{MV}$。

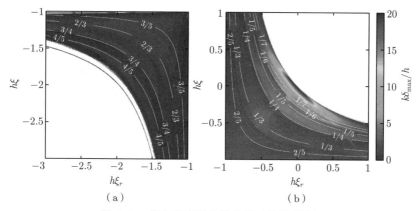

图 4.5　纵向稳定的参数空间（前附彩图）

注：（a）对应图 4.2 第三象限，（b）对应图 4.2 第一象限。白色等高线为纵向同步振荡频数共振线；背景表示无量纲纵向动力学孔径高度。

　　根据图 4.5（b），可以发现双 RF 情形下，纵向动力学孔径在 $\xi = \xi_r$ 和 $\xi = -\xi_r$ 两个方向的变化较其他方向更缓慢。图 4.6 展示了当 $h(\xi + \xi_r)$ 取不同值和 $\xi = \xi_r$ 时的无量纲纵向动力学孔径随 $h\xi_r$ 的变化。$h(\xi + \xi_r)$ 取值越偏离零点，无量纲动力学孔径越小。而当偏离量固定（即全环或半环纵向漂移长度固定时），ξ 和 ξ_r 之间的差别越大，无量纲动力学孔径也越小。此外，若 $\xi = \xi_r$，当两者协同变化时，全环的纵向漂移长度以四倍的速率变化，纵向动力学孔径也快速减小。在 $h\xi_r$ 较小时，这种变化与弱聚焦（图 4.6 绿色虚线）完全相同，即 $\dfrac{k\delta_{\max}}{h} = \sqrt{\dfrac{8}{|h\xi_r|}}$。当 $|h\xi_r| > 0.2$（或极限情况：$\nu_z > 0.2$）时，弱聚焦的稳定区高度公式不再适用，此时的环工作在纵向强聚焦状态。

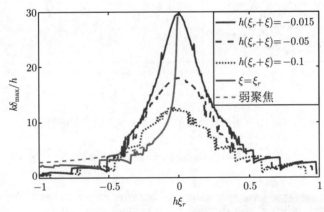

图 4.6　　不同方向下无量纲纵向动力学孔径高度随 $h\xi_r$ 的变化（前附彩图）

　　在图 4.5 中，存在一些呈反比关系的白色虚线，表征当工作点落于虚线上时，纵向动力学孔径的高度基本为零。这些白色虚线完全对应前文所述的每个共振同步振荡频数。由于纵向的 ADTS 总是朝着 ν_z 减小的方向进行，考虑到一个完整且干净的纵向动力学孔径内部不应存在共振线导致的"小岛"，这意味着纵向动力学孔径可以如此判定：当电子振幅从零开始增加，其同步振荡频数将从工作点开始减小，直到其纵向同步振荡频数减小至距工作点最近的共振线时，即可近似认为达到纵向动力学孔径边界。由此，在选择工作点时，为最大化动力学孔径，可考虑为 ADTS 预留更多的幅值空间，即让工作点从负向靠近某条共振线。如

选取 $\nu_z = \dfrac{1}{2} - 0.001$ 或 $\dfrac{1}{3} - 0.001$ 等，相应的纵向动力学孔径边界大致在 ADTS 导致的同步振荡频数偏移至 $\dfrac{2}{5}$ 和 $\dfrac{1}{4}$ 处。

4.1.3　双 RF 纵向强聚焦稳态束团参数分析

1. 稳态纵向发射度：一般情况

在第 2 章中，已经得到了包含局部动量压缩效应的储存环稳态纵向发射度的一般表达，即 (2-18c) 式。为获得更具体的稳态纵向发射度表达式，借助纵向 Courant-Snyder 表述，可将 (2-18c) 式进一步变形为

$$
\begin{aligned}
\epsilon_z &= \frac{C_0 \gamma_c^5}{2 D_z \sin(2\pi\nu_z)} \oint \frac{\beta_z(s) \sin(2\pi\nu_z)}{|\rho_c(s)|^3} \mathrm{d}s \\
&= \frac{C_0 \gamma^5}{2 D_z \sin(2\pi\nu_z)} \oint \frac{M_{56}(s)}{|\rho_c(s)|^3} \mathrm{d}s \\
&= \frac{C_0 \gamma_c^5}{2 D_z \sin(2\pi\nu_z)} \sum \frac{M_{56}(s_i)}{|\rho_c|^3} l_{Bi}
\end{aligned}
\tag{4-8}
$$

这里，$M_{56}(s_i)$ 表示在环上 s_i 处考虑所有 RF 后，单圈 2×2 纵向传输矩阵右上角的矩阵元；l_{Bi} 为此处相应弯铁的长度。局部动量压缩效应的影响包含在 $M_{56}(s_i)$ 内，它的改变既可通过调整 RF 电压实现，也可通过调整全环各部分的动量压缩实现。一般而言，通过调节超周期内每个弯铁入口处的色散函数，在全环动量压缩系数变化的同时，局部动量压缩系数也会发生改变，稳态发射度也会相应地变化。

在不考虑横向耦合和所有 RF 的情况下，s 坐标下的全环动量压缩（或全环纵向漂移长度）可表示为

$$
R_{56} = -\int_0^{C_{\mathrm{ring}}} \left[\frac{\eta_x(s)}{\rho_c(s)} - \frac{1}{\gamma_c^2} \right] \mathrm{d}s
\tag{4-9}
$$

其中 $\eta_x(s)$ 为水平方向的色散函数。对于固定磁铁排布的磁聚焦结构，可以通过调整各处四极铁的强度，从而改变全环的纵向漂移长度和滑相因子。这种方法本质上是通过调节储存环内各弯铁入口处的色散函数，从而改变各弯铁对全环纵向漂移长度的贡献。然而，如果在每个超周期之外

的色散函数及其导数均为零，那么对于每个超周期两端的弯铁，其入口处的色散和色散导数将固定，即它们对全环纵向漂移长度的贡献也固定。只有每个超周期内部的弯铁对全环纵向漂移长度的贡献值可调。

为最小化环的纵向发射度，文献 [105] 和 (3-12) 式指出，每个超周期中，除两端的弯铁，其他所有弯铁中心处的色散函数需为极值，即中心处 $\eta'_x \equiv 0$。因此在调节所有四极铁强度过程中，只有超周期内部每个弯铁入口处的色散函数发生变化。假定这个变化量为 $\Delta\eta_x$，那么全环纵向漂移长度将变为

$$R_{56} = \tilde{R}_{56} - 2N_{\text{supercell}}N_{\text{dipole}}\tan\left(\frac{\theta}{2}\right)\cdot\Delta\eta_x$$

其中 $\tilde{R}_{56}$ 为无色散变化时的全环纵向漂移长度；$N_{\text{supercell}}$ 为全环超周期数；N_{dipole} 表示每个超周期内的弯铁数（除两端的消色散弯铁）；θ 是每块弯铁偏转角。

为估计稳态纵向发射度，即 (4-8) 式中的 $M_{56}(s_i)$，可将 (4-9) 式应用到局部。假定环内所有的 RF 均放置在无色散位置，则 $M_{56}(s_i)$ 可通过以下方式获得：

1. 如图 4.7 所示，首先根据环内 N_{RF} 个射频腔和辐射点 s_i 的位置，将全环拆解成 N_{RF} 部分，分别为：从辐射点 s_i 至第一个 RF（局部纵向漂移长度 $r_{56}^{s_i,\text{RF1}}$）、第一个 RF 至第二个 RF（局部纵向漂移长度 $r_{56}^{\text{RF1,RF2}}$）、直至第 N_{RF} 个 RF 至辐射点 s_i（局部动量压缩系数 $r_{56}^{\text{RF}n,s_i}$）。

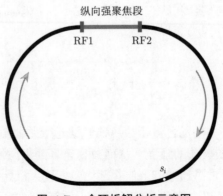

图 4.7   全环拆解分析示意图

2. 根据 (4-9) 式获得在 $\Delta\eta_x$ 存在下的各部分纵向漂移长度。

3. 利用各部分纵向漂移长度构建相应的 2×2 纵向矩阵，以及各个 RF 的 2×2 传输矩阵。

4. 所有矩阵串接，得到在 RF 和 $\Delta\eta_x$ 存在下辐射点 s_i 处的单圈传输矩阵，取其右上角元素则为 $M_{56}(s_i)$。

2. 双 RF 稳态纵向发射度

现在将上述方法应用到双 RF 纵向强聚焦的情形。为得到稳态发射度与主环和压缩段纵向漂移长度之间的表达式，首先考虑辐射点 s_i 在主环上，如图 4.7 所示。由于两个 RF 所在位置处无色散，在辐射点处的单圈传输矩阵可表示成

$$M(s_i) = \begin{pmatrix} 1 & r_{56}^{s_i,\mathrm{RF1}} \\ 0 & 1 \end{pmatrix} \begin{pmatrix} 1 & 0 \\ h & 1 \end{pmatrix} \begin{pmatrix} 1 & 2\xi \\ 0 & 1 \end{pmatrix} \begin{pmatrix} 1 & 0 \\ h & 1 \end{pmatrix} \begin{pmatrix} 1 & r_{56}^{\mathrm{RF2},s_i} \\ 0 & 1 \end{pmatrix}$$

由此可得 (4-8) 式中的

$$M_{56}(s_i) = (2\xi + r_{56}^{s_i,\mathrm{RF1}} + r_{56}^{\mathrm{RF2},s_i})[1 + h(r_{56}^{s_i,\mathrm{RF1}} + r_{56}^{\mathrm{RF2},s_i})] -$$
$$h(r_{56}^{s_i,\mathrm{RF1}} + r_{56}^{\mathrm{RF2},s_i})^2 + (2h + 2\xi h^2)r_{56}^{s_i,\mathrm{RF1}}r_{56}^{\mathrm{RF2},s_i}$$

两个 RF 所在位置处无色散意味着对于辐射点 s_i 而言，其前后两部分传输段的边界条件都是色散和色散导数为零。此时，无论辐射点 s_i 所在位置处有无色散，其前后两段传输段的总纵向漂移长度为定值，即

$$r_{56}^{s_i,\mathrm{RF1}} + r_{56}^{\mathrm{RF2},s_i} \equiv 2\xi_r$$

由此，$M_{56}(s_i)$ 可进一步写成

$$M_{56}(s_i) = 2(\xi + \xi_r)(1 + 2h\xi_r) - 4h\xi_r^2 + (2h + 2\xi h^2)[(2\xi_r - r_{56}^{\mathrm{RF2},s_i})r_{56}^{\mathrm{RF2},s_i}]$$

前两项与观察点 s_i 在外环上位置无关，可据 (4-8) 式直接积分；第三项则与外环的具体结构排布有关。对于固定磁铁排布的磁聚焦结构，如前所述，在通过调节四极铁强度使弯铁入口处的色散强度变化为 $\Delta\eta_x$ 时，ξ_r 和 $r_{56}^{\mathrm{RF2},s_i}$ 均会发生改变。为得到第三项的积分结果，用 C_{in} 表示第二

个 RF 到每块弯铁入口处的累积纵向漂移长度。根据边界条件，考虑环内典型的三类弯铁：

1. 每个超周期入口处的第一块弯铁。其作用是消色散，保证直线段处色散和色散导数为零。其入口处 $\eta_x = \eta'_x \equiv 0$，内部任意位置处的累计纵向漂移长度为

$$r_{56}^{\mathrm{RF2},\hat{\alpha}} = C_{\mathrm{in}} + \rho_c \left[\left(\frac{1}{\gamma_c^2} - 1 \right) \hat{\alpha} + \sin\hat{\alpha} \right]$$

因此，积分 $\displaystyle\int_0^{\theta_m} \frac{(2\xi_r - r_{56}^{\mathrm{RF2},\alpha}) r_{56}^{\mathrm{RF2},\hat{\alpha}}}{\rho_c^2} \mathrm{d}\hat{\alpha}$ 已可求。

2. 超周期内主单元中的弯铁。这些弯铁具有周期性，又由于每块弯铁中心位置处 $\eta'_x \equiv 0$，考虑边缘聚焦效应时，无论其入口色散如何，色散导数恒为 $\eta'_x \equiv -\tan\theta$，这里 θ 为磁铁的半偏转角。同样，它内部任意位置的累计纵向漂移长度可表示成

$$r_{56}^{\mathrm{RF2},\hat{\alpha}} = C_{\mathrm{in}} - \eta_x \sin\hat{\alpha} - (\eta_x - \rho_c)(1 - \cos\hat{\alpha})\tan\theta + \rho_c \left[\left(\frac{1}{\gamma_c^2} - 1 \right) \hat{\alpha} + \sin\hat{\alpha} \right]$$

3. 每个超周期出口处的弯铁。其作用也是消色散，保证出口处色散和色散导数为零。由此，这块弯铁入口处也有 $\eta'_x \equiv -\tan\theta_m$，同时 $\eta_x \equiv \rho_c(1 - \cos\theta_m)$。$\theta_m$ 为这块磁铁的偏转角。此时

$$r_{56}^{\mathrm{RF2},\hat{\alpha}} = C_{\mathrm{in}} - \rho_c(1 - \cos\theta_m)\sin\hat{\alpha} + \rho(1 - \cos\hat{\alpha})\sin\theta_m +$$

$$\rho_c \left[\left(\frac{1}{\gamma_c^2} - 1 \right) \hat{\alpha} + \sin\hat{\alpha} \right]$$

得到这三类弯铁各自的积分结果后，可根据环的磁铁排布，决定入口处 C_{in} 的值，最终得到全环 $M_{56}(s_i)$ 第三项的积分。它是 ξ_r 的二阶函数，即

$$f_{\mathrm{lat}} = \oint \frac{(2\xi_r - r_{56}^{\mathrm{RF2},s_i}) r_{56}^{\mathrm{RF2},s_i}}{|\rho_c|^3} \mathrm{d}s_i = A_0 + A_1 \xi_r + A_2 \xi_r^2$$

其中 $A_0(\rho_c, \theta, \theta_m, L_d, L_m, L_c)$、$A_1(\rho_c, \theta, \theta_m, L_d, L_m, L_c)$、$A_2(\rho_c, \theta, \theta_m)$ 为磁聚焦结构特征参数，与环的具体磁铁排布相关。这里各参数的定义如

图 4.8 所示。ρ_c 为弯铁的偏转半径，θ_m 和 θ 分别为超周期的消色散弯铁和主单元弯铁偏转角，L_m 是消色散弯铁与主单元弯铁之间的距离，L_c 是主单元弯铁之间的距离，L_d 表示两相邻超周期消色散弯铁间距。附录 A 中给出了 8 单元情况下 A_0、A_1、A_2 的表达式，A_2 只与环内的弯铁偏转半径和偏转角相关，而 A_0 和 A_1 则依赖于弯铁之间的相对位置关系。通过改变环内弯铁的偏转半径、偏转角和相对位置关系，可对 A_0、A_1、A_2 进行相对独立的调整，进而对环的纵向动力学进行优化。图 4.9（a）展示了一个四超周期、每超周期 8 单元的 SSMB 储存环磁聚焦结构特征参数，其中每超周期内包含 11 块弯铁，两两间隔 2.7 m，即 $L_c = L_m = 2.7$ m；而 $L_d = 10.9$ m，$\rho_c = 1.843$ m，$\theta_m = 52.9$ mrad，$\theta = 162.78$ mrad。

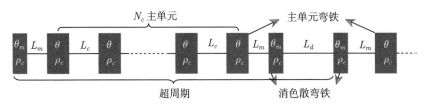

图 4.8　储存环横向超周期结构示意图

类似的，当辐射点 s_i 在纵向强聚焦部分时，全环 $M_{56}(s_i)$ 可写为

$$M_{56}(s_i) = 2(\xi + \xi_r)(1 + 2h\xi) - 4h\xi^2 + (2h + 2\xi_r h^2)\left[(2\xi - r_{56}^{\text{RF1},s_i})r_{56}^{\text{RF1},s_i}\right]$$

与主环类似，可以通过积分得到纵向强聚焦段对纵向发射度的贡献。在纵向强聚焦段内，同样可定义积分

$$f_{\text{lsf}} = \int \frac{(2\xi - r_{56}^{\text{RF1},s_i})r_{56}^{\text{RF1},s_i}}{|\rho_c|^3}\mathrm{d}s_i$$

与主环不同之处在于，一般在纵向强聚焦模式下，纵向强聚焦段内的弯铁偏转角很小，偏转半径也较大，该段内的局部动量压缩系数抖动很小（即 f_{lsf} 很小），如图 4.9（b）所示。因而纵向强聚焦段对发射的贡献量基本可以忽略。

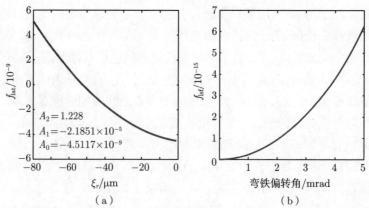

图 4.9　**8 单元 SSMB 储存环（a）磁聚焦结构特征参数和（b）LSF 对发射度的贡献系数**

在环内电子的辐射能量损失只由弯铁贡献时，纵向的无量纲阻尼系数 $D_z = \dfrac{4\pi r_e \gamma_c^3}{3\rho_c}$ 只与弯铁的偏转半径和电子能量相关。定义常数 $\Gamma_0 = \dfrac{55}{48\sqrt{3}}\dfrac{3\hbar}{8\pi m_e c}$，那么在忽略纵向强聚焦段局部动量压缩效应对发射度的贡献情况下，束流达到稳态时，环内电子束的纵向发射度为

$$\begin{cases}
\epsilon_z = \dfrac{\Gamma_0 \gamma_c^2 \rho_c}{\sin(2\pi\nu_z)}\left\{\dfrac{2\pi}{\rho_c^2}[2(\xi + \xi_r) + 4h\xi\xi_r] + 2h(1 + h\xi)f_{\text{lat}}\right\} & \text{(4-10a)} \\[4mm]
\epsilon_z = \Gamma_0 \gamma_c^2 \rho_c\left(\dfrac{2\pi\beta_{\text{A}}}{\rho_c^2} - \dfrac{f_{\text{lat}}}{\beta_{\text{Ro}}}\right) & \text{(4-10b)} \\[4mm]
\epsilon_z = \Gamma_0 \gamma_c^2 \rho_c\left[\dfrac{2\pi}{\rho_c^2}\left(\dfrac{1}{\gamma_{\text{Ro}}} + \xi_r^2\gamma_{\text{Ro}}\right) - f_{\text{lat}}\gamma_{\text{Ro}}\right] & \text{(4-10c)}
\end{cases}$$

(4-10c) 式考虑了纵向 Twiss 函数的传输关系，以及辐射点对侧处的纵向 Twiss $\alpha_{\text{Ro}} \equiv 0$。由此，储存环稳态纵向发射度与辐射点对侧处的纵向 Twiss γ_{Ro} 有相对简单的依赖关系。实际上，主环内没有其他纵向聚焦元件，因而在主环内任意位置处的纵向 Twiss γ 均为一个定值。储存环稳态纵向发射度的大小与此定值紧密相关。尽管 γ_{Ro} 同时依赖于 ξ_r、ξ 和 h，但可以这样理解稳态纵向发射度的调整过程：调整两个 RF 的调制强度或强聚焦段的纵向漂移长度 ξ，可调节环内纵向 Twiss γ 的值，

当 $\gamma_{\mathrm{Ro}} = \gamma_{\mathrm{IT}} \equiv \sqrt{\dfrac{2\pi}{2\pi\xi_r^2 - f_{\mathrm{lat}}\rho_c^2}}$ 时，稳态纵向发射度有极小值

$$\epsilon_{z\mathrm{min}} = \Gamma_0\gamma_c^2 \frac{2\sqrt{2\pi}}{\rho_c}\sqrt{2\pi\xi_r^2 - f_{\mathrm{lat}}\rho_c^2} = \Gamma_0\gamma_c^2\frac{4\pi}{\rho_c\gamma_{\mathrm{IT}}} \tag{4-11}$$

γ_{IT} 是主环磁聚焦结构固有特性的一种表征。只有当通过外部调整后的 γ_{Ro} 与这种固有特性匹配时，ϵ_z 才能被最小化。这种调整实际上也在调整全环的线性同步振荡频数（工作点），当发射度最小化后，全环的纵向同步振荡频数为

$$\tan(\pi\nu_z) = \frac{-h}{(1 + h\xi_r)\sqrt{2\pi}}\sqrt{2\pi\xi_r^2 - f_{\mathrm{lat}}\rho_c^2}$$

需要说明的是，这种最小化实际上是在磁聚焦结构已经确定之后，靠插入段参数的改变所能达到的最优化状态。从主环磁聚焦结构调整或设计的角度看，较大的 γ_{IT} 对应于较小的稳态纵向发射度，因而提高它的值有非常重要的意义。然而，γ_{IT} 的值不仅与主环的 ξ_r 有关，还与主环磁聚焦结构的特征参数 A_2、A_1、A_0 有关，当直线节长度 L_d、匹配段弯铁至直线段间的距离 L_m、主单元中两相邻弯铁间距 L_c 以及所有弯铁偏转半径和偏转角确定以后，环参数 ξ_r 可通过调节环内四极铁强度，进而改变主单元内每块弯铁入口色散的方式进行调整。当 ξ_r 调整到 $\dfrac{A_1\rho_c^2}{4\pi - 2A_2\rho_c^2}$ 时，γ_{IT} 将被最大化，即 $\epsilon_{z\mathrm{min}}$ 被最小化。此时纵向发射度可完全用主环磁聚焦结构特征参数表示

$$\epsilon_{z\mathrm{min}} = \sqrt{2\pi}\Gamma_0\gamma_c^2\sqrt{\frac{8\pi A_0 + (A_1^2 - 4A_0A_2)\rho_c^2}{-2\pi + A_2\rho_c^2}} \tag{4-12}$$

(4-12) 式表示储存环稳态发射度的最优化状态。一般而言，γ_{IT} 并不能优化得很大，ϵ_z 也因此受限。总体上，在调节 ξ_r、ξ 和 h 的过程中，纵向同步振荡频数也会发生大幅度变化。图 4.10 给出了 ν_z 与发射度之间的关系。当 ν_z 趋近于整数或者半整数时，纵向发射度均会发散性增长，这与单 RF 纵向强聚焦的表现类似[75]。

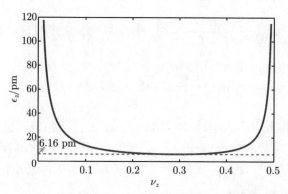

图 4.10   双 RF 聚焦情形下的纵向发射度随纵向同步振荡频数的变化

注：A_0、A_1、A_2 的值同图 4.9，虚线是由 (4-12) 式给出的纵向发射度极限。

3. 稳态束长和能散

根据对称性，在纵向强聚焦段中心位置及环内的对侧点处，束团的平衡长度达到极值，即纵向 Twiss $\alpha \equiv 0$，分别可以通过 (4-7b) 式、(4-7c) 式和 (4-10) 式得到

$$
\begin{cases}
\sigma_{z\mathrm{R}} = \sqrt{\epsilon_z \beta_{\mathrm{R}}} \\[2mm]
\sigma_{\delta\mathrm{R}} = \sqrt{\dfrac{\epsilon_z}{\beta_{\mathrm{R}}}}
\end{cases},
\qquad
\begin{cases}
\sigma_{z\mathrm{Ro}} = \sqrt{\epsilon_z \beta_{\mathrm{Ro}}} \\[2mm]
\sigma_{\delta\mathrm{Ro}} = \sqrt{\dfrac{\epsilon_z}{\beta_{\mathrm{Ro}}}}
\end{cases}
$$

其中，$\sigma_{z\mathrm{R}}$ 和 $\sigma_{\delta\mathrm{Ro}}$ 为主要关注的两个量。前者直接表征在 EUV 辐射器处的束团长度；后者间接与环内的纵向稳定区高度有关，比较不错的量子寿命要求纵向动力学孔径高度不小于 $6\sigma_{\delta\mathrm{Ro}}$。结合 (4-5) 式、(4-7b)式、(4-7c) 式和 (4-10) 式，可以得到在 EUV 辐射器处和其对侧处的束团长度分别满足

$$
\begin{cases}
\sigma_{z\mathrm{Ro}}^2 = \Gamma_0 \gamma_c^2 \rho_c \left\{ \dfrac{2\pi(1+h\xi_r)^2}{\rho_c^2 h^2} \tan^2(\pi\nu_z) + \dfrac{2\pi \xi_r^2}{\rho_c^2} - f_{\mathrm{lat}} \right\} \\[4mm]
\sigma_{z\mathrm{R}}^2 = \dfrac{\cos^2(\pi\nu_z)}{(1+h\xi_r)^2} \sigma_{z\mathrm{Ro}}^2 \\[4mm]
\sigma_{\delta\mathrm{R}}^2 = \dfrac{h^2}{\sin^2(\pi\nu_z)} \sigma_{z\mathrm{Ro}}^2 \\[4mm]
\sigma_{\delta\mathrm{Ro}}^2 = \dfrac{h^2}{(1+h\xi_r)^2 \tan^2(\pi\nu_z)} \sigma_{z\mathrm{Ro}}^2
\end{cases}
$$

图 4.11 给出了这两个位置处的束长和能散随纵向同步振荡频数的变化。在单 RF 纵向强聚焦的情形下，环内的能散在 $\nu_z \to 0$ 时收敛到一个定值，而相互作用点处的束长随着 ν_z 增加而减小，在 $\nu_z \to 0.5$ 时收敛[75]。但双 RF 的表现与之完全不同。就能散而言，在 EUV 辐射点处，与发射度的变化相似，当 ν_z 趋近于整数或者半整数，能散均会呈发散性增长；但在 EUV 辐射点对侧（即环内正中心处），当 ν_z 趋近于 0.5 时，能散趋近于一个定值

$$\sigma_{\delta\mathrm{Ro}}^2\big|_{1/2} = \frac{2\pi\Gamma_0\gamma_c^2}{\rho_c}$$

而该点处的束长只有在 ν_z 趋近于 0 时才收敛，极限值为

$$\sigma_{z\mathrm{Ro}}^2\big|_0 = \Gamma_0\gamma_c^2\rho_c\left[\frac{2\pi\xi_r^2}{\rho_c^2} - f_{\mathrm{lat}}\right]$$

EUV 辐射点处的束长当 ν_z 趋近于 0 或者 0.5 时均呈收敛的状态，其极限值分别为

$$\begin{cases} \sigma_{z\mathrm{R}}^2\big|_0 = \dfrac{\xi^2}{\xi_r^2}\,\sigma_{z\mathrm{Ro}}^2\big|_0 \\[3mm] \sigma_{z\mathrm{R}}^2\big|_{1/2} = \xi^2\,\sigma_{\delta\mathrm{Ro}}^2\big|_{1/2} = h^{-2}\,\sigma_{\delta\mathrm{Ro}}^2\big|_{1/2} \end{cases}$$

总体而言，这两个极限点下，如果束长收敛，那么能散必定发散；反之亦然。不存在束长和能散均发散或者均收敛的情况。

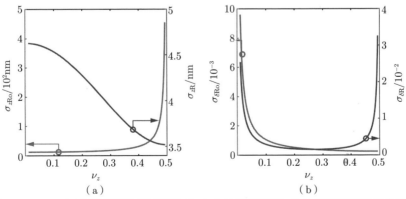

图 4.11　**EUV 辐射器处和其对侧处的（a）束团长度和（b）能散随纵向同步振荡频数的变化**

根据前文的分析，在高倍的压缩系数和较大的纵向动力学孔径情形下，纵向同步振荡频数的取值往往在 0.5 附近，因而 EUV 辐射点处能散的发散性将是主要的问题。欲降低辐射点处的能散，可增加调制强度 h，降低 $\nu_z \to 0.5$ 时辐射点处的束长，从而为 ν_z 左移预留空间。但这样很明显需要更强的调制电压。

4.2　双激光调制器作用下的纵向强聚焦

激光调制器（LM）的调制波长由激光波长决定，一般在微米或亚微米量级，远小于 RF，因而采用 LM 可大幅提升纵向聚焦强度 h。将图 4.1 中的两个 RF 替换成 LM，更容易实现低纵向发射度情况下的纵向强聚焦过程，从而在辐射器处实现更短的束长。但由于 LM 的纵向传输矩阵不同于 RF，且它对稳态纵向发射度也会有贡献，因而采用 LM 后，4.1 节内关于双 RF 纵向强聚焦的分析均需要修正。

首先是纵向稳定性条件。考虑到激光波荡器的纵向传输矩阵可以等效成两个纵向漂移段夹一个等效 RF 的模型（(3-3) 式），因而纵向稳定性条件 (4-6) 式仍然适用，但须将参数 φ 和 φ_r 重新定义为

$$
\begin{cases}
\varphi = \cos\left(2\pi N_{\mathrm{u}}\nu_m\right) + h\xi \\
\varphi_r = \cos\left(2\pi N_{\mathrm{u}}\nu_m\right) + h\xi_r
\end{cases}
$$

此处的 $h = -\dfrac{1}{2}\nu_m k \sin\left(2\pi N_{\mathrm{u}}\nu_m\right)$ 是平面波作用下 LM 等效的调制强度。在高斯光束调制时，亦可采用对应的等效调制强度形式。在新的定义下，4.1 节内关于束团压缩倍数和稳定区间的讨论仍然适用。

其次，在将环内的两个 RF 替换成两个 LM 后，束团的稳态纵向发射度由于 LM 的贡献也会发生变化，甚至在参数比较优化的情况下，LM 对束团稳态纵向发射度的贡献将成为主导。对双 LM 作用下的束团稳态纵向发射度分析可以从 (4-10) 式着手，修正主要包括两个方面。其一是引入 LM 后，电子在其波荡器内的辐射能量损失对纵向阻尼系数 D_z 会产生额外贡献。假定电子的能量调制过程和辐射过程相互独立，则相对论电子在 LM 内的辐射能量损失由 (3-19) 式给出。假定两个 LM 完全相

同，用 ρ_{mc} 表示 LM 波荡器中心平面峰值磁场对应的偏转半径，那么双 LM 纵向强聚焦模式下，平面型储存环的纵向阻尼系数可表示成

$$D_z \approx \frac{U_0}{E_c} = \frac{e^2}{3\varepsilon_0 m_e c^2}\gamma_c^3\left(\frac{1}{\rho_c} + 2\frac{N_u \lambda_u}{4\pi\rho_{mc}^2}\right)$$

其二则源于电子在 LM 内辐射的量子激发。利用 (4-10) 式，考虑两个 LM 对纵向发射度的贡献后，全环的稳态纵向发射度为

$$\epsilon_z = \frac{C_0\gamma_c^5}{2D_z}\left[\frac{2\pi}{\rho_c^2}\left(\frac{1}{\gamma_{Ro}} + \xi_r^2\gamma_{Ro}\right) - f_{lat}\gamma_{Ro} + 2\Delta I_m\right] \tag{4-13}$$

这里 ΔI_m 表示单个 LM 的稳态纵向发射度贡献，即 (3-21) 式。对应的 LM 入口处纵向 Twiss 值为

$$\begin{cases} \alpha_i = -\xi_r\gamma_{Ro} \\[2mm] \beta_i = \dfrac{1}{\gamma_{Ro}} + \xi_r^2\gamma_{Ro} \\[2mm] \gamma_i = \gamma_{Ro} \end{cases}$$

不难注意到，尽管 LM 的引入会对纵向发射度带来额外的贡献，但同时其引入的额外能量损失也会增加纵向的阻尼系数，使纵向出现更强的辐射阻尼。取决于 LM 在储存环内的位置和其本身参数，将 LM 引入后，总体效果既可能使稳态发射度增加，也可能减小。在 3.4.1 节中分析过，一般 LM 放置在纵向 Twiss $\alpha_z = 0$ 的位置处时，对稳态纵向发射度的贡献最小，相应的对纵向阻尼的贡献也最强。但在双 LM 纵向强聚焦模式下，两个 LM 均无法放置在 $\alpha_z = 0$ 的位置，它们对纵向发射度的贡献可以非常明显。

同双 RF 强聚焦类似，采用双 LM 后，纵向发射度同样在 ν_z 趋于整数或半整数时发散，且通过调整强聚焦段的纵向漂移长度，仍然可以使稳态纵向发射度达到极小值。但极小发射度不仅与储存环相关，也依赖于 LM 参数。根据 (3-21) 式，如果定义

$$(C_{m\alpha}, C_{m\beta}, C_{m\gamma}) = \frac{C}{\sin\Delta\psi_1}\boldsymbol{T}_t$$

那么当强聚焦段的纵向漂移长度调节到使主环内的纵向 Twiss γ 满足包含 LM 在内的本征 Twiss γ_{IT}

$$\gamma_{\mathrm{IT}} \equiv \sqrt{\frac{2\pi + 2C_{m\beta}\rho_c^2}{2\pi\xi_r^2 + (-f_{\mathrm{lat}} + 2C_{m\gamma} - 2C_{m\alpha}\xi_r + 2C_{m\beta}\xi_r^2)\rho_c^2}}$$

时，稳态纵向发射度达到第一层次调整的极小值

$$\epsilon_{z\mathrm{min}} = \frac{C_0\gamma_c^5}{D_z}\left(\frac{2\pi}{\rho_c^2} + 2C_{m\beta}\right)\frac{1}{\gamma_{\mathrm{IT}}}$$

完全与双 RF 纵向强聚焦类似，如果可以将主环半环的纵向漂移长度 ξ_r 调整到 $\dfrac{(A_1 + 2C_{m\alpha})\rho_c^2}{4\pi - 2(A_2 - 2C_{m\beta})\rho_c^2}$，$\gamma_{\mathrm{IT}}$ 将会被最大化，即 $\epsilon_{z\mathrm{min}}$ 达到第二层次的极小值。由于 LM 对稳态纵向发射度的贡献，双 LM 作用下的磁聚焦结构本征 Twiss 和通过调整强聚焦段的纵向漂移长度而所能实现的最小发射度均与 LM 的参数相关联。图 4.12 展示了 LM 无量纲激光强度 a_0 与此最小发射度和 γ_{IT} 之间的关系。在 3.4.1 节中提到，对 LM 而言，负 a_0 对应着零同步相位，此时 ν_m 为虚数，LM 内的 Twiss 函数呈发散性变化，因而 LM 对稳态纵向发射度的贡献很大。在双 LM 纵向聚焦模式下，也有同样的效应，且在纵向发射度优化的情况下，LM 对稳态纵向发射度的贡献量可以占据主导地位。作为对比，图 4.12（a）中虚线给出了双 RF 强聚焦下，最优化状态时，主环对纵向发射度的贡献（即 (4-12) 式）。在 a_0 变化过程中，主环的本征 γ_{IT} 在改变，发射度最优化所要求的主环 ξ_r 也同样依赖于 a_0，其关系由图 4.12（b）给出。

根据 (4-13) 式，同样可以得到在辐射器和主环中心处的束团状态。它们随纵向同步振荡频数 ν_z 变化的整体表现与双 RF 纵向强聚焦的情形一致，只是在 ν_z 趋于整数或半整数时，束团的长度或者能散极限值不同。在主环中心处，能散只在 ν_z 趋于半整数时收敛

$$\sigma_{\delta\mathrm{Ro}}^2\big|_{1/2} = \frac{C_0\gamma_c^5}{2D_z}\left(\frac{2\pi}{\rho_c^2} + 2C_{m\beta}\right)$$

而该点处的束长则只有在 $\nu_z \to 0$ 时才会收敛

$$\sigma_{z\mathrm{Ro}}^2\big|_0 = \frac{C_0\gamma_c^5}{2D_z}\left[\left(\frac{2\pi}{\rho_c^2} + 2C_{m\beta}\right)\xi_r^2 - f_{\mathrm{lat}} - 2C_{m\alpha}\xi_r + 2C_{m\beta}\right]$$

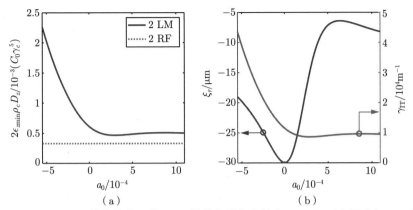

图 4.12　双 LM 纵向聚焦下的（a）最优化纵向发射度及（b）对应的本征 γ_{IT} 和主环 ξ_r

注：$N_{\mathrm{u}} = 40$，$\lambda_{\mathrm{u}} = 50$ mm，共振波长 1 μm 主环磁聚焦结构参数同图 4.9。

在 EUV 辐射点处，能散当 ν_z 趋近于 0 或者 $\dfrac{1}{2}$ 时均发散，但束长则呈收敛状态，其极限值分别可表示成

$$
\begin{cases}
\sigma_{z\mathrm{R}}^2\big|_0 = \dfrac{(\xi + \xi_{mH})^2}{(\xi_r + \xi_{mH})^2}\, \sigma_{z\mathrm{Ro}}^2\big|_0 \\[3mm]
\sigma_{z\mathrm{R}}^2\big|_{1/2} = (\xi + \xi_{mH})^2\, \sigma_{\delta\mathrm{Ro}}^2\big|_{1/2} = h^{-2}\, \sigma_{\delta\mathrm{Ro}}^2\big|_{1/2}
\end{cases}
$$

其中 $\xi_{mH} = \dfrac{2}{\nu_m k} \tan(\pi N_{\mathrm{u}} \nu_m)$ 表示半个 LM 等效的纵向漂移长度。由此可知，EUV 辐射点处的束长在双 RF 作用下主要受限于主环弯铁的偏转半径和 RF 的聚焦强度，可调节的空间相对有限。在将 RF 替换成 LM 后，它对纵向发射度的贡献可从两个方面反应到 EUV 辐射点处的束长上：其一是使环内的能散增加，即 $2C_{m\beta}$ 因子；其二是其本身的纵向漂移长度 ξ_{mH}，需要由强聚焦段的漂移长度 ξ 来进行一部分吸收。因此在双 LM 纵向强聚焦模式下，纵向强聚焦段的纵向漂移长度将小于双 RF 的情形。此外，由于所有极限参数内都存在纵向阻尼系数 D_z，这表明可采用增强纵向阻尼作用的方式实现更短的束长和更低的能散，因而在 SSMB 储存环设计过程中，可考虑在环内添加阻尼扭摆器。

4.3　小　　结

　　本章详细讨论了双 RF 和双 LM 作用下的纵向强聚焦线性物理。由于 RF 对稳态纵向发射度没有贡献，本章先从双 RF 纵向强聚焦出发，详细讨论了束团在纵向强聚焦段的压缩系数、稳定区间、纵向同步振荡频数、纵向动力学孔径等，并从理论上分析了双 RF 纵向强聚焦情况下束团的稳态纵向发射度和束团在 EUV 辐射点及主环中心处的状态。之后将双 RF 替换成双 LM，在考虑到 LM 对稳态纵向发射度贡献的情况下，对双 RF 的结论进行了修正。修正后的结果进一步为储存环的设计指明了方向。

第 5 章　清华大学 SSMB-EUV 光源纵向强聚焦储存环设计

　　极紫外（extreme ultraviolet，EUV）位于深紫外和软 X 射线之间，波长在 $10 \sim 124$ nm，对应的光子能量区间为 $10 \sim 124$ eV。EUV 波段的电磁波易被空气和大多数材料吸收，因而其在材料科学和大气物理研究中存在重要作用。又由于最新一代光刻技术采用的 13.5 nm 光恰好也在此范围，故对大功率 EUV 光源的研究受到科学界及工业界的广泛关注。

　　在前几章的讨论中介绍了采用纵向强聚焦可以在短距离内大幅压缩束团长度，而将传统储存环内的 RF 替换成 LM 后，结合超低稳态纵向发射度的设计，可以使储存环内的束团长度稳定在数十纳米量级，如果进一步将 LM 的等效调制电压增加，从纵向弱聚焦过渡到强聚焦的模式，便可以在储存环内局部位置实现数纳米长的超短束团，这样的束团可以产生 EUV 波段的相干辐射。既得益于相干辐射功率正比于电子数目平方的物理关系，也得益于储存环内微束团在激光波长尺度的微小间隔和单束团回旋的高重频特性，产生的相干 EUV 辐射平均功率可以很高，进而可为光刻等相关领域服务。另外，由于每个微束团压缩后的长度在几纳米，如果使储存环工作在单束团模式，且采用单周期的波荡器出光，所获得的 EUV 光脉冲将在阿秒量级，这样的超短脉冲将在超快科学相关领域发挥重要作用。

　　本章将重点介绍清华大学 SSMB-EUV 光源纵向强聚焦储存环的设计，旨在于储存环内局部位置获得稳定的、束长小于 3 nm 的微束团，并利用其产生大功率或者阿秒级 EUV 光。

5.1 SSMB 纵向强聚焦优化程序

在第 4 章中分析了双 LM 作用下的强聚焦线性动力学，但所采用的激光模型是平面波。注意到在强聚焦模式下所需要的激光强度 a_0 可接近千分之一水平，考虑实际实现的可能性，这样强的电场几乎只能采用脉冲激光。又由于环内的微束团具有稳态和兆赫兹级别高重频特性，为了维持稳态特性并尽可能实现高的平均功率，需要首先利用光腔将脉冲激光储存、放大，再将高功率激光脉冲在光腔内的高重频特性与微束团在储存环内的高重频特性相匹配。

在高功率脉冲光的作用下，LM 的纵向传输矩阵解析解变得更加复杂，且由它产生的纵向动力学孔径也不再与双 RF 聚焦的情形相同，它们都需要采用数值方法获取和优化。为此，基于第 2 章和第 3 章的理论建立了一套完整的全环优化程序。由于依赖变量众多，且最终期望的目标有稳态和大功率两个目标，主体优化算法采用非支配排序的多目标遗传算法（non-dominated sorting genetic algorithm-Ⅱ, NSGA-Ⅱ）[106]。程序算法的结构框图如图 5.1 所示，对于每个 NSGA-Ⅱ 给出的个体，都依次建立纵向磁聚焦结构、分析纵向稳定性、计算纵向 Twiss 和关注点处的束流参数并判断、计算纵向动力学孔径、寻找横向匹配解，最后再计算 EUV 辐射功率和托歇克（Touschek）寿命。考虑到 NSGA-Ⅱ 的收敛过程，运行时每次遇到约束条件，均给予一个合适的约束值并返回。

在寻找横向匹配解之前，整个计算过程集中在纵向参数，如主单元数目、弯铁偏转角、弯铁之间的间隔以及每个超周期的纵向漂移长度等，采用的结构如图 4.8 所示。在寻找横向匹配解的环节，主要目的是通过给定的超周期纵向漂移长度计算得到主单元弯铁入口处的色散，并根据色散和横向 Twiss 周期条件求解所需要的四极铁强度。在这里，储存环的磁聚焦结构从纵向变成具有弯铁和四极铁的线性六维全环磁聚焦结构。此过程中采用的横向主单元基础结构源于文献 [103]，一旦求得结构中合适的四极铁强度值，每个 NSGA-Ⅱ 个体都对应着一个能满足所有约束的储存环磁聚焦结构。最后，即可利用此磁聚焦结构计算 EUV 辐射点处的辐射功率和微束团在环内的托歇克寿命。

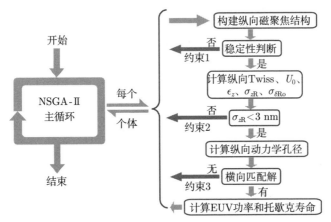

图 5.1　SSMB 纵向强聚焦优化程序框图

5.2　纵向强聚焦方案

清华大学 SSMB-EUV 光源储存环的标准能量初步选择为 400 MeV，纵向强聚焦方案的设计目标为在此基础上获得尽可能大的 EUV 辐射功率和尽可能长的束流寿命。在环内平均流强一定的条件下，前者主要依赖于辐射点处的束长。对波长为 13.5 nm 的 EUV 辐射，只有当束团长度小于 3 nm，束团的纵向相干因子（或聚束因子）[1]才具有比较可观的值，才能获得比较大的 EUV 辐射功率。因此，辐射点处束长 3 nm 是纵向强聚焦设计的主要约束之一。此外，辐射功率也受辐射点处的束团能散影响，较小的能散更有利于大功率 EUV 辐射的产生。电子束团在储存环内的量子寿命则强烈依赖于三维动力学孔径，假定束团六维相空间均满足高斯分布，一般经验性的规则为：全动力学孔径不小于束团均方根尺寸的 12 倍，即半高为 6 倍。在纵向强聚焦方案中，纵向动力学孔径成为束团寿命的主要制约因素，是设计的另一个主要约束。综合而言，辐射功率和束团寿命这两个目标均强烈依赖于束团的纵向发射度，降低束团的稳态纵向发射度是纵向强聚焦方案的重点。本节将结合 NSGA-II 的优化结果，主要从主单元数目的选择、LM 数量的选择、阻尼扭摆器的作用以及压缩段的设计等方面给出清华大学 SSMB-EUV 光源储存环纵向强聚焦

---

① 参见第 6 章

方案的初步设计。

5.2.1 单元数目

作为初步的设计，采用双 LM 纵向强聚焦，将优化目标设置为辐射点处的束团长度和能散。而为了使束团具有足够长的纵向量子寿命，将约束条件设定为主环中心处的纵向动力学孔径不小于 $12\sigma_{\delta R o}$。

图 5.2 为 NSGA 给出的不同单元数目下辐射点处束团长度和能散，在主环每个超周期内的单元数目分别为 6、8、10 时，通过调整主环和纵向强聚焦段的纵向漂移长度以及 LM 的参数，均可实现小于 3 nm 的稳态束团。三种情况均存在极限束团长度（类似第 4 章中的分析结果），且这个极限束团长度随单元数目的增加而减小。本质上，随着单元数目的减少，单块弯铁偏转角度增大，环内束团的稳态纵向发射度也随之增大[105]，尽管在不同单元数下都可以实现 3 nm 束团，但单元数目较少时，较大的稳态纵向发射度使得实现同样长度的束团所对应的能散较大，更不利于大功率 EUV 辐射的产生。此外，稳态纵向发射度较大时，实现 3 nm 束团所需的纵向 β 函数很小，非线性效应比较难以控制。

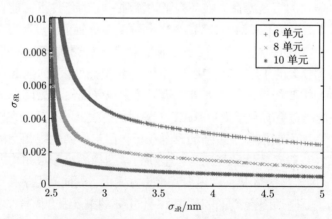

图 5.2 不同单元数目下 NSGA 给出的辐射点处束团长度和能散

从动力学角度，尽管可实现更小稳态发射度的多单元方案是更优的选择，但单元数目越多，储存环会愈加碎片化，环长也会越大，对于安装误差、场地大小和建造成本的要求都将更严苛。由此，初步的折中结果与文献 [105] 的弱聚焦结果一致，为 8 个单元。

5.2.2　波荡器参数

LM 是新型 SSMB 储存环的重要元器件，而其中的波荡器在设计和优化过程中所能允许的参数区间至关重要。尤其在双 LM 的纵向强聚焦方案中，前文的讨论已经充分说明了 LM 参数对稳态纵向发射度优化可起到决定性作用。为此，需充分确定 LM 内的波荡器参数可选择的区间。

图 5.3 给出了世界范围内存在的典型波荡器工作点[107-145] 以及基频共振波长在 1 μm 的波荡器共振线。总体上，波荡器可分成四大类：真空外波荡器（out vacuum undulator, OVU)[107-108]、真空波荡器（in vacuum undulator, IVU)[108-126]、低温永磁波荡器（cryogenic permanent magnet undulator, CPMU)[125-133] 和超导波荡器（superconducting undulator, SCU)[134-145]。其中 OVU 是最早采用的波荡器方案，但受限于束流管道的尺寸，较小波荡器周期 λ_u 时，中心轴线上的磁场强度不容易提升。IVU 方案将波荡器直接放置于真空内，波荡器间隙不再受限于束流管道尺寸，因而可以在较小 λ_u 情况下实现更强的轴上磁场，但在给波荡器的调整增加难度的同时，高真空需要烘烤等条件使得 IVU 的选材需要做特别的考虑。为了进一步在短波荡器周期情形下获得更高的轴上磁场，采用低温永磁材料实现 CPMU 是一种新的选择，但不如 SCU 提升幅度大。不过 SCU 的缺点在于建造、运行和维护成本高昂。

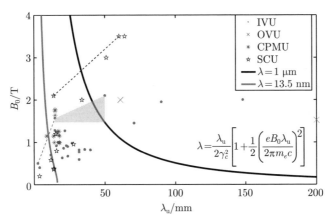

图 5.3　世界范围内存在的典型波荡器工作点及 **SSMB** 波荡器共振线

这四类波荡器已经被大量使用在第三代储存环和自由电子激光中，其中 IUV 已经有至少 20 年的历史，相应的技术也已经非常成熟。截至目前，一个峰值磁场 2.1 T 的波荡器已经在法国 SOLEIL 装置上服役了 8 年；而另一个已经在 MAX IV 上工作数年的波荡器场强也达到 1.57 T。对 LM 内的波荡器而言，设调制激光波长 1 μm，对应此波长的波荡器共振线如图 5.3 所示。综合考虑最大化的 LM 等效调制电压、现有技术和操作性，若采用 IVU，图 5.3 中阴影区域和共振线的交叠部分（即 $4.3\ \mathrm{cm} \leqslant \lambda_\mathrm{u} \leqslant 5.0\ \mathrm{cm}$ ）是比较优选的区域。更长的波荡器周期会导致等效调制电压较小，更短则导致所需的共振磁场强度难以利用 IVU 实现。但如果采用超导，波荡器的周期可大约短至 3.3 cm，即图 5.3 中虚线与实线的交点处。

此外，在清华大学 SSMB-EUV 光源的储存环中还涉及共振波长为 13.5 nm 的 EUV 辐射波荡器，它的参数则主要影响辐射功率。图 5.3 中给出了 400 MeV 时，对应基频共振波长 13.5 nm 的波荡器共振线，利用现存的 IVU 参数进行大致估计，400 MeV 能量下，周期 λ_u 短于 1 cm 的 EUV 辐射波荡器较难实现，在 1.2 cm 左右相对较容易。此外对于 13.5 nm 的基频共振波长，共振关系还决定了 λ_u 必须小于 1.65 cm，更长周期的波荡器无法满足共振关系。综上所述，清华大学 SSMB-EUV 光源的储存环中，基频共振波长 13.5 nm 的 EUV 辐射波荡器的周期需满足 $1.0\ \mathrm{cm} \leqslant \lambda_\mathrm{u} \leqslant 1.65\ \mathrm{cm}$。

5.2.3　激光调制器参数

在 SSMB 中，将环内的 RF 替换成 LM，由于需要匹配储存环内电子束团的高重频特性，实现一定的等效纵向聚焦强度 h 所要求的激光平均功率很高。这样的高平均功率激光需要借助光学谐振腔来实现。然而光学谐振腔仍然存在储存激光平均功率的限值，这使得纵向强聚焦方案只能工作在脉冲模式，尽可能降低脉冲峰值功率有利于提高束流占空比，进而提高最终 EUV 光的平均功率。

1. 双激光调制器纵向强聚焦对激光功率的要求

由 (3-7) 式可知，在 LM 等效调制电压最优化的情况下，等效调制强度 h 仅依赖于激光峰值功率和 LM 内的波荡器周期数 N_u。考虑到 h 同时影响辐射点处的束长、LM 对稳态纵向发射度的贡献以及纵向动力学孔径，为了讨论最终激光功率的要求，可采用固定 h 的办法。图 5.4（a）展示了固定 LM 等效调制强度 $h = -9 \times 10^4 \text{ m}^{-1}$ 且保证在 EUV 辐射器处实现 3 nm 束团的情况下，EUV 辐射点处的纵向 β_R 和 LM 对纵向发射度的贡献随波荡器周期数 N_u 的变化。由于 LM 对稳态纵向发射度的贡献随着 N_u 的增加而增加，在辐射点处维持固定的 3 nm 束团所需要的 β_R 将随 N_u 的增加而减小，因而出现图 5.4（a）中紫色虚线左侧部分的变化趋势。然而，这种随 N_u 的变化并不能一直持续。原因在于：尽管依靠 β_R 减小的方式维持了束团长度，但束团的能散会随 N_u 的增加而快速增长，相应的纵向动力学孔径 A_p 则缩小。在 N_u 达到某个值时，足够大的纵向动力学孔径已经难以找到，如图 5.4（b）、图 5.4（c）所示，在 $N_u = 19$ 时，还能找到足够大小的纵向动力学孔径，但 $N_u = 20$ 时纵向动力学孔径只能在 3.5 以内。当纵向动力学孔径 A_p 不能满足 $12\sigma_{\delta Ro}$ 时（即图 5.4（a）中紫色虚线右侧部分），β_R 和 LM 对稳态纵向发射度的贡献已无明显规律。

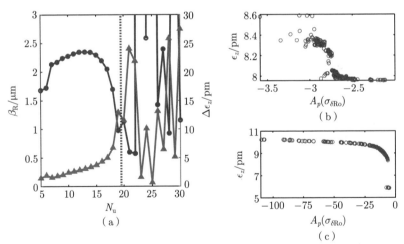

图 5.4　固定 LM 等效调制强度和 EUV 辐射器处束长 3 nm 时，不同波荡器 N_u 下的纵向动力学表现（前附彩图）

（a）实现 3 nm 束长所需的 β_R 及 LM 对纵向发射度的贡献；（b）$N_u = 20$ 时稳态纵向发射度与动力学孔径的关系；（c）$N_u = 19$ 时稳态纵向发射度与动力学孔径的关系

注：$h = -9 \times 10^4 \text{ m}^{-1}$，主环磁聚焦结构参数同图 4.9。

将 LM 等效调制器强度 h 分别设定在 $-9 \times 10^4 \, \mathrm{m}^{-1}$、$-8 \times 10^4 \, \mathrm{m}^{-1}$、$-7 \times 10^4 \, \mathrm{m}^{-1}$、$-6 \times 10^4 \, \mathrm{m}^{-1}$ 和 $-5 \times 10^4 \, \mathrm{m}^{-1}$，表 5.1 给出了各种情形下存在不小于 $12\sigma_{\delta \mathrm{R0}}$ 动力学孔径的最大 N_u 值及相应的激光功率。在 $|h|$ 较小时，LM 对稳态纵向发射度的贡献更大，因而能够容忍的波荡器周期数较少。然而，利用这样数目的 N_u 实现对应的等效调制强度 h 所需的激光功率并不单调，而是在 $-8 \times 10^4 \, \mathrm{m}^{-1} \sim -7 \times 10^4 \, \mathrm{m}^{-1}$ 出现极小值，在吉瓦量级。如果光学谐振腔内可实现的平均功率为 1 MW，这样的激光峰值功率将导致束团在全环的占空比低于千分之一。因而迫切需要考虑新的方案以及对全环磁聚焦结构参数进行优化，以进一步减小对激光峰值功率的需求。

表 5.1　不同等效调制强度下双 LM 纵向强聚焦存在合适动力学孔径的上限 N_u 及对应激光功率

参数	设定 1	设定 2	设定 3	设定 4	设定 5
等效调制强度 h/m^{-1}	-9×10^4	-8×10^4	-7×10^4	-6×10^4	-5×10^4
上限 N_u	19	17	13	7	2
激光功率 P_L/MW	1258	1115	1130	1611	4947

2. 激光调制器数目的选择

前文讨论到，固定磁聚焦结构参数下，双 LM 纵向强聚焦（图 5.5（a））所需要的激光功率在吉瓦量级，难以降低。为进一步降低所需要的激光功率，考虑纵向多次聚焦的可能性。图 5.5 展示了另外两种纵向强聚焦的方案，分别采用 4LM 和 8LM。由于固定磁聚焦结构参数则基本固定了主环对稳态纵向发射度的最小贡献量，也约束了最优化的主环纵向漂移长度。在各种强聚焦方案下，这将限制调制激光功率的进一步降低。完全放开主环内各弯铁之间的间隔，利用多目标遗传算法 NSGA-II 可以获得最优化 13.5 nm EUV 辐射功率[①]和最大化纵向动力学孔径的帕累托（Pareto）前沿，如图 5.6 所示。

在双 LM 情形下（如图 5.6 中红色点和橙色叉），当调制激光功率 P_L 小于 300 MW 以后，便不能再找到大于 $12\sigma_{\delta \mathrm{R0}}$ 的动力学孔径。当激光功率达到 350 MW 时，不仅可以找到合适的纵向动力学孔径，且

---

① 计算方法见第 6 章。

在平均流强 0.5 A 时可实现的辐射功率大约为 400 W。随着激光功率的提升，LM 对纵向发射度的贡献会进一步降低，因而可在辐射点处实现更短的束长和更小的能散，EUV 辐射功率和纵向动力学孔径可进一步增加。

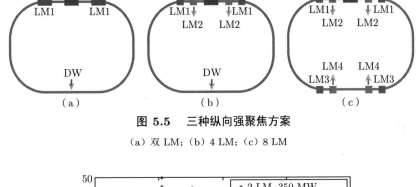

图 5.5　三种纵向强聚焦方案

（a）双 LM；（b）4 LM；（c）8 LM

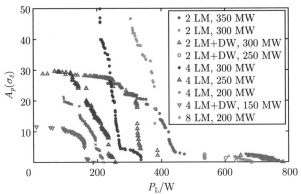

图 5.6　三种纵向强聚焦方案下 NSGA 给出的帕累托前沿（前附彩图）

对撞机中，为了在反应点处实现较小的横向束流尺寸，一般采用低 β 插入段的方法[146]。在纵向强聚焦中也可以采用类似的策略，即利用纵向的低 β 插入段实现超短束长。横向的低 β 插入段需要 4 块四极铁，而纵向的低 β 插入段则至少需要 4 个 LM，如图 5.5（b）所示，LM1 提供一个纵向散焦作用，之后再利用 LM2 的纵向强聚焦作用，在短距离内使束团长度大幅下降。图 5.6 中蓝色点即为 4 LM 情况下的帕累托前沿，实现 3 nm 束长和大于 $12\sigma_{\delta R_0}$ 的动力学孔径所需的调制激光功率可降低至 200 MW。在这种情形下，由于 LM2 所处的位置纵向 β_z 和 α_z 均较大，导致 LM2 对纵向发射度的贡献较大。在辐射点处实现 3 nm 长度情况下，束团稳态纵向发射度和能散比较大，因而辐射功率较双 LM 情形低。

为进一步降低对调制激光功率的要求，可以考虑采用更多 LM，如图 5.5（c）所示的 8 LM。当设定每个 LM 的峰值调制功率为 200 MW，NSGA-Ⅱ 所给出的帕累托前沿为图 5.6 中绿色圆点。相比同样功率下的 4 LM 情形，可实现的辐射功率和纵向动力学孔径大很多。可预期在 8 LM 作用下，所需要的调制激光功率可低于 150 MW。实际上，在这样多的纵向强聚焦元件作用下，纵向同步振荡频数随振幅的变化（ADTS）可以不再单调，而是在两个共振线之间振荡，如图 5.7（c）、图 5.7（d）的情况，因而动力学孔径可以比 ADTS 单调变化时（图 5.7（a）、图 5.7（b）的情况）大很多。

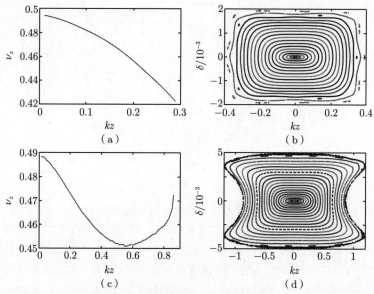

图 5.7　8 LM 作用下两种典型的 ADTS（(a)、(c)）及其纵向动力学孔径（(b)、(d)）

尽管采用多个 LM 可以降低对调制激光功率的要求，但由于 LM 本身的结构较复杂，多个 LM 之间存在较严苛的时间同步问题，在现今的探索阶段，采用更少的 LM 对工程实现来说难度会更小。

5.2.4　阻尼扭摆器

对调制激光功率的要求本质上源于纵向发射度的极限，因而除采用多个 LM 的方法以外，同降低横向发射度的方法类似，可以考虑采用阻尼扭摆器（damping wiggler, DW）增加辐射阻尼的方法进一步降低稳态纵向发射度，进而放宽对调制激光功率的要求。

在 3.4.1 节和 4.2 节中提到，当波荡器放置在纵向 Twiss β_z 最小的位置时，其本身对稳态纵向发射度的贡献量最小，但电子束团通过它后的辐射能量损失并不会改变。在这样的情况下，波荡器所表现出来的阻尼作用可以被最大化。因此从对称性的角度考虑，可尝试在双 LM 和 4 LM 两种纵向强聚焦方案中添加 DW，即图 5.5（a）和图 5.5（b）所示的 DW 位置。图 5.6 也给出了在添加 DW 之后这两种方案下的帕累托前沿。在 DW 作用下，稳态纵向发射度的减小可使所需的调制激光功率降低约 50 MW。如在纯粹的双 LM 纵向强聚焦方案中，当调制激光功率低于 300 MW 后，不小于 $12\sigma_{\delta \mathrm{Ro}}$ 的动力学孔径无法实现；但当加入 DW 后，可以找到满足要求的解，且 EUV 辐射功率约为 350 W。而相应的，在 4 LM 方案中，所需要的激光功率也可降低至约 150 MW。

5.2.5　压缩段

4.2 节最后介绍到，双 LM 纵向强聚焦方案中为了在辐射器处获得尽可能短的束团，需要的等效纵向漂移长度（$\xi + \xi_{mH}$）不能过大。由于 LM 本身的纵向漂移长度为正，这将迫使原纵向强聚焦段内的压缩部分纵向漂移长度变为负值。因而其设计也不再采用磁压缩器，而是具有负 r_{56} 的结构（如 Dogleg）。一般而言，压缩段的纵向漂移长度不会很大，约在负几十微米量级。这样大小的纵向漂移长度较容易实现，但如果压缩段长度较短，意味着其内部的色散较小，对于矫正其二阶动量压缩量 T_{566} 时所需的六极铁强度要求较高。这里考虑矫正压缩段本身 T_{566} 的原因在于，两个压缩段和辐射波荡器被两个强调制的 LM 夹在中间，其二阶动量压缩效应无法通过调节主环内六极铁而有效地消除，只能在压缩段内部尽可能矫正。因而压缩段的设计需要使得矫正其 T_{566} 所需的六极铁强度较小。图 5.8 展示了压缩段总长在 3 m，且纵向漂移长度为 $-50\ \mu\mathrm{m}$ 时，Dogleg 压缩段内部的色散变化和矫正其 T_{566} 时所需的六极铁强度。在压缩段总长 3 m 时，将 T_{566} 矫正至零所需的六极铁积分强度约为 260 T/m。随着压缩段允许的总长度增加，内部的色散随之增加，所需的六极铁积分强度大致随总长度的立方而减小。

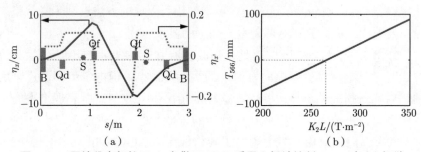

图 5.8　压缩段内部的（a）色散及（b）采用六极铁控制 T_{566} 时对六极铁强度的要求

注：B 为弯铁、Qd 为散焦四极铁、Qf 为聚焦四极铁、S 为六极铁。

　　压缩段的选择除图 5.8 所示的双弯铁 Dogleg 结构以外，还可以采用四弯铁型 Dogleg 或者 DBA 结构。前者可利用具有较小偏转角的弯铁实现较大的负纵向漂移长度，但在矫正 T_{566} 所需的六极铁强度方面不会有太多改善；而采用 DBA 结构对矫正其本身 T_{566} 所需的六极铁强度有较大的帮助，同样长度下 DBA 方案所需六极铁积分强度可低至 30 T/m。不过由于 DBA 对束流存在偏转作用，它引入的角度需要从主环的偏转角中扣除，以保证束流全环偏转角满足 2π。

5.3　针对托歇克寿命和辐射功率的全环优化

5.3.1　SSMB 纵向强聚焦储存环布局及约束

　　SSMB 强聚焦储存环的主体部分基于文献 [105]，采用 4 个超周期的结构，每个超周期为 11 弯铁（bend achromat, BA），包含 2 个消色散弯铁和 8 个主单元（内含 9 个弯铁）。相邻的超周期用直线节连接。纵向强聚焦段则包含 2 个 LM、2 个图 5.8 所示的压缩段和 1 个 EUV 辐射波荡器，将它们对称地放置于 1 个直线节内以后，再在储存环对侧的直线节中心放置 1 个 DW，整体布局如图 5.5（a）所示。

在本书中，为了配合纵向强聚焦方案获得较低的稳态纵向发射度、较长的托歇克寿命和较大的 EUV 辐射功率，将 11BA 超周期结构中所有弯铁之间的间隔全部按照图 4.8 的定义参数化。匹配色散要求的四极铁参数在 NSGA-II 中利用非线性求解方程求出，但为了兼顾横向的非线性和动力学孔径优化，保证与 $\nu_{x,y}$ 相关的非线性共振驱动项可以相互抵消（如 $\hat{f}_{30000}$ 和 $\hat{f}_{20001}$ 等[105]），在求解满足要求的四极铁强度时，约束水平方向单个主单元的同步振荡频数取 $\nu_x = 0.75$ 或 $\nu_x = 0.375$，而垂直方向则取 $\nu_y = 0.25$ 或 $\nu_y = 0.125$。表 5.2 总结了 SSMB 纵向强聚焦储存环中除了约束条件外的所有自由布局参数（共计 17 个），并给出了它们比较合适的取值区间。约束条件则包括以下 5 部分：

1. 全环束流偏转角为 2π；

2. 纵向稳定且具有大于 $12\sigma_{\delta R_0}$ 的纵向动力学孔径，EUV 辐射器中心位置处束长小于 3 nm；

表 5.2　SSMB 纵向强聚焦储存环布局参数

所属部分	参数	单位	取值区间	参数说明
主环超周期	ξ_{cell}	μm	$(-500, 0)$	超周期纵向漂移长度
	θ	rad	$\left(0, \dfrac{2\pi}{4 \times 9}\right)$	主单元弯铁偏转角
	ρ	m	$(1, 6)$	主单元弯铁偏转半径
	L_c	m	$(2.5, 3.5)$	主单元弯铁间距
	L_m	m	$(0.7, 1.5)$	主单元弯铁与消色散弯铁间距
	L_{md}	m	$(1.5, 3.5)$	直线段横向 Twiss 匹配四极铁占用距离
	k_1	m^{-2}	$(-40, 40)$	消色散段四极铁强度
	k_2	m^{-2}	$(-40, 40)$	消色散段四极铁强度
强聚焦段	P_{L}	MW	$(0, 350)$	脉冲高斯激光峰值功率
	$N_{\mathrm{u,LM}}$	—	$[1, 50]$	LM 波荡器周期数
	$B_{0\mathrm{LM}}$	T	$(0, 2)$	LM 波荡器峰值磁场
	$N_{\mathrm{u,rad}}$	—	80 整数倍	EUV 辐射波荡器周期数
	$B_{0\mathrm{rad}}$	T	$(0, 2)$	EUV 辐射波荡器峰值磁场
	ξ	μm	$(-500, 500)$	压缩段纵向漂移长度
DW 段	$N_{\mathrm{u,wig}}$	—	$[1, 100]$	DW 波荡器周期数
	$B_{0\mathrm{wig}}$	T	$(0, 2)$	DW 波荡器峰值磁场
	ξ_{dw}	μm	$(-500, 500)$	DW/超周期匹配段 r_{56}

3. 超周期主单元水平和垂直同步振荡频数满足 $\nu_x = 0.75$ 或 $\nu_x = 0.375$、$\nu_y = 0.25$ 或 $\nu_y = 0.125$，同时色散在主单元弯铁中心处极小；

4. 满足消色散条件；

5. 超周期之间、超周期与 DW 之间、超周期与 LM 之间、LM 与压缩段之间、压缩段与 EUV 辐射波荡器之间的横向 Twiss 匹配。

5.3.2　托歇克寿命和辐射功率的优化结果

束流在环内运动时，束内电子具有不同的横纵向振荡运动，它们之间可能会因为发生碰撞而相互被散射。这种碰撞根据散射强度可分为两种情况：如果单次碰撞较弱，两个电子的散射角较小，碰撞后依然能在环内稳定存在，且之后在较长时间内可能发生多次这种小角散射，这种效应称为"束内散射"（intrabeam scattering, IBS）[147]。IBS 效应的作用效果与阻尼作用相反，多次小角散射将不断增加束团的三维发射度。但随着发射度的增长，IBS 效应逐渐减弱，束团发射度的增长率也逐渐趋于收敛，最终束团三维发射度将稳定在一个较大水平上。另外一种情况则是单次碰撞较强，即发生大角度散射，两个电子动量交换量较大，这可能导致两个电子碰撞后的状态均超过环的动力学孔径进而丢失。这种效应称为"托歇克效应"[148-149]，它直接影响束流寿命。在本书中，将针对托歇克效应导致的托歇克寿命进行仔细的优化设计，所采用的计算公式可参考文献 [148]。在计算托歇克寿命过程中，需要考虑全环各个位置处的纵向动力学孔径高度 δ_{max}。但考虑到主环各位置纵向动力学孔径高度差别不大，可用主环中心处（即辐射器对侧点处）的 δ_{max} 近似表示主环所有位置的纵向动力学孔径高度。

足够长的托歇克寿命可以保证 SSMB 纵向强聚焦储存环 EUV 光功率的稳定性，但除此以外，其功率大小也是一个关键指标。EUV 光的功率不仅与辐射波荡器处的电子束横向尺寸、横向散角、束长、能散有关，还依赖于它们在波荡器内的变化，即整个辐射波荡器内的三维 Twiss 及确切的辐射能谱结构。准确的计算方法在第 6 章给出，但由于准确的结果计算时长较长，无法直接用于多目标遗传优化，因而在优化过程中采用简化的模型近似计算 EUV 光的功率，计算公式为

$$P = 2\pi^2 r_e m_e c^3 \frac{K^2}{2 + K^2} J^2 \frac{N_u N_e^2}{H^2 \lambda^2} \cdot b^2 \cdot F \cdot D$$

式中 m_e、r_e、N_e 分别为电子的净质量、经典半径和单束团内电子数；K、N_u 为辐射波荡器的无量纲磁场强度和周期数；J 为 3.2.1 节定义的贝塞尔因子，表示总辐射能量中落在基频上的比例；H 是辐射的 EUV 波长 λ 相对于 LM 调制波长的谐波数；$b = \exp\left[-\dfrac{1}{2}\left(\dfrac{2\pi\sigma_z}{\lambda}\right)^2\right]$ 表征辐射的纵向相干性；$F = \dfrac{2}{\pi}\left(\arctan\dfrac{1}{2S} + S\ln\dfrac{4S^2}{4S^2+1}\right)$ 表征辐射的横向相干性[150]，其中 $S = \dfrac{2\pi\sigma_t^2}{\lambda N_u \lambda_u}$，且 σ_t 为束团横向尺寸；$D = \sqrt{\pi}\dfrac{\mathrm{erf}(\xi)}{\xi} + \dfrac{\exp(-\xi^2)-1}{\xi^2}$ 为束流能散的贡献[151-153]，其中 $\xi = 2\sqrt{2}\pi N_u \sigma_\delta$。此式基本包含了束流的横向尺寸、束长和能散对辐射功率的贡献，但只是单个纵向位置的束流信息。为了将束流在辐射波荡器内的变化也包含在内，可将此式应用于辐射波荡器的每个周期再取平均，以近似评估辐射功率大小。需要说明的是，尽管此式无法准确描述真实辐射功率的大小，但其中已经囊括了主要辐射部分的物理过程，可用于快速优化和评估 EUV 辐射特性。

结合 NSGA-II 优化程序，对表 5.2 总结出的 SSMB 纵向强聚焦布局参数开展全环的托歇克寿命和 EUV 辐射功率优化，最终获得的帕累托前沿如图 5.9（a）所示。在优化过程中采用的环内平均流强为 1.0 A，即单个微束团内的电子数目约 20000，不考虑集体效应时，可以获得的 EUV 辐射功率在 3200 W 左右，而托歇克寿命可以达到约 2000 s。

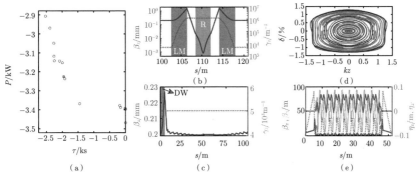

图 5.9 针对托歇克寿命和 EUV 辐射功率进行全环优化的帕累托前沿和选定点的三维 Twiss、纵向动力学孔径（前附彩图）

综合考虑托歇克寿命和 EUV 辐射功率，选取图 5.9（a）中带"叉"

的工作点作为初步的全环参数进行分析。图 5.9（b）～（e）分别给出了该工作点下的强聚焦段纵向 Twiss、主环半环内的纵向 Twiss、纵向动力学孔径和主环单个超周期的横向 Twiss 及色散。在纵向强聚焦段内，为了实现较短的束长，需要较大的纵向 Twiss γ_z，因此 LM（图 5.9（b）中灰色区域）的主要作用是将环内的 γ_z 大幅提升，与此同时 β_z 在 LM 内也将呈发散性增长。根据 3.4.1 节的分析，这样的作用需要 LM 的相位工作在 0°。在 SSMB 纵向强聚焦中，环内的稳态束长约在数十纳米，在辐射波荡器处要求的束长在 3 nm 以内，意味着束长压缩约 $\dfrac{1}{10}$，即强聚焦段内的 γ_z 需要比环内高两个量级，如图 5.9（b）所示。一旦 LM 顺利实现 γ_z 大幅提升，便可以在强聚焦段内利用压缩段将 β_z 在短距离内大幅减小，从而实现束长的压缩。β_z 的快速变化意味着束长在辐射波荡器内的变化很大，在选定的情形下，辐射波荡器入口和中心处的束长变化达 4 倍。因而，单纯在辐射波荡器中心处实现 3 nm 束长难以实现千瓦级辐射功率。实际上，在选取的工作点参数下，辐射点处的束长已经短至 2.1 nm。减小辐射波荡器内束长变化的方法在于进一步减小环内的稳态纵向发射度，进而减小两个 LM 之间 β_z 的变化量。在主环部分，纵向 Twiss γ_z 为一定值，β_z 的变化也相对平缓，仅在引入的 DW 部分出现较大的波动，这对应于较小的局部动量压缩效应。在选择的工作点下，全环的纵向动力学孔径如图 5.9（d）所示，可接受的最大能量偏差达到 1%，相当于 83 倍的平衡能散。这样大的动力学孔径也正是实现千秒级托歇克寿命的主要原因。然而值得一提的是，这样的动力学孔径所对应的 ADTS 跨越了 $0.2 \leqslant \nu_z \leqslant 0.49$ 的多个共振线，它将对磁聚焦结构非线性有较大的依赖。图 5.9（e）给出了选取的工作点下主环单个超周期的横向 Twiss，已经与两侧的直线节匹配。水平方向的 β_x 相比垂直方向更小，且 β_y 在匹配段会接近 100 m，但总体而言两个方向均在可接受范围内。

　　表 5.3 给出了图 5.9（a）中带"叉"的工作点下，所能实现的束流参数和对应的激光及辐射参数。经过优化后的稳态纵向发射度低至 4.68 pm，较 4.2 节给出的理论极限（约 3.25 pm）大 44%。这主要源于考虑纵向动力学孔径后，理论极限不易达到。在这 4.68 pm 中，DW 的贡献为 0.52 pm；而两个 LM 的贡献达到 1.10 pm，约为主环二极铁贡献的 37.3%。此时

的 LM 波荡器中心平面峰值磁场为 0.3 T，在更强磁场情况下，LM 对纵向发射度的贡献也将更大。此外，电子单圈的辐射能量损失 U_0 为 756 eV，相应的纵向阻尼时间为 388 ms。其中 DW 导致的辐射能量损失为 103 eV，这样的辐射能量损失增量使得纵向的无量纲阻尼系数 D_z 增加了约 16%。在这样的全环参数下，主环内束团的稳态能散约 1.65×10^{-4}，托歇克寿命则可以达到 2000 s。不考虑 IBS 效应导致的束团三维尺寸增长，环内的束团经过 EUV 波荡器时，放出的峰值辐射功率可达 3200 W，所需要的激光峰值功率为 300 MW。

表 5.3　SSMB 纵向强聚焦储存环束流、激光及辐射参数

所属部分	参数	单位	取值	参数说明
束流	E_c	MeV	400	中心能量
	ϵ_x	pm	24	稳态水平发射度
	ϵ_z	pm	4.68	稳态纵向发射度
	σ_{zR}	nm	2.1	辐射器中心位置束长
	$\sigma_{\delta R}$	—	2.2×10^{-3}	辐射器中心位置能散
	σ_{zRo}	nm	28.3	主环中心位置束长
	$\sigma_{\delta Ro}$	—	1.65×10^{-4}	主环内能散
	δ_{max}	—	1.09%	纵向动力学孔径
	U_0	eV	756	单圈能量损失
	τ_{DL}	ms	388	纵向阻尼时间
	τ	s	2000	托歇克寿命
激光	P_L	MW	300	脉冲高斯激光峰值功率
	λ_m	μm	1.064	激光波长
	$N_{u,LM}$	—	30	LM 波荡器周期数
辐射	$N_{u,wig}$	—	320	辐射波荡器周期数
	P_{EUV}	W	3200	EUV 辐射功率

5.4　非线性问题

一般而言，可以将储存环的非线性根据其特点划分为两大类：一类与能量调制过程有关，确切地说是能量调制波形的非线性，如正余弦函数泰勒展开的高次项。这类非线性是形成纵向动力学孔径的关键，但并不单单影响纵向，同时可以通过线性或非线性横纵耦合作用到横向，进而影响

环内电子的横向运动。另一类非线性则源于传输元件本身，常常被称为"磁聚焦结构非线性"。这类非线性则强烈影响储存环的三维动力学孔径尺寸，纵向弱聚焦情况下可采用李代数和非线性矩阵的方法处理[154-155]，也可以利用泰勒展开的高阶矩阵方法进行分析[89]。对于 SSMB 纵向强聚焦储存环，在平面型磁聚焦结构情况下，只关心纵向动力学时，可以假定横纵向完全分离。因而影响纵向动力学的非线性主要为二阶矩阵元 T_{566}、三阶矩阵元 Q_{5666} 等。对磁聚焦结构非线性，本书主要分析 T_{566} 的影响；而对调制波形的非线性，可采用包含基频和三次谐波的双色 LM 增大能量调制线性区，本书将对此进行简要的理论分析。

5.4.1　激光调制器调制的非线性

LM 是一个非常典型的同时包含两类非线性的元器件。一方面，就能量调制波形而言，类正余弦型的调制波形包含无穷多阶高次分量；另一方面，即便没有外加激光场的作用，电子在纯粹的波荡器内运动时，其纵向位置与能量偏差之间的关系也包含高阶项（如 T_{566}），且由于无法在波荡器内部放置六极场元件，这样的 T_{566} 无法在调制波荡器内部被消除。它可被认为是波荡器的固有属性，其值依赖于波荡器的纵向漂移长度（$T_{566} = -3N_{\mathrm{u}}\lambda_1$，这里 λ_1 表示波荡器的基频共振波长）。

考虑到 T_{566} 是 LM 的一种固有属性，在本章所有优化中，计算纵向动力学孔径时已经将其影响自然地包含在内，如图 5.9(d) 就已经包括了 LM T_{566} 的贡献。但作为物理分析，可以人为将其去除以讨论 LM T_{566} 对纵向动力学孔径的影响。图 5.10 展示了未包含 LM T_{566}（（a）、（b））及包含 LM T_{566}（（c）、（d））情形下的纵向动力学孔径（（a）、（c））和相应的纵向 ADTS（（b）、（d））。不考虑 LM T_{566} 时，纵向动力学孔径中纵向同步振荡频数处在 $\frac{1}{2} > \nu_z > \frac{1}{3}$ 内的部分很干净，此范围内的共振线宽度不明显；但包含 T_{566} 之后，部分共振线（如 $\nu_z = \frac{2}{5}$）的宽度增加，对应的"共振小岛"出现。与此同时，诸如 $\nu_z = \frac{1}{3}$、$\frac{2}{7}$ 等共振线宽度也增加，导致整个纵向动力学孔径内包含很多"共振小岛"。此外，LM T_{566} 的出现也削减了电子可存活的范围，使得原本振幅 kz 在 $1.27 \sim 1.47$ 间稳定的电子不再稳定，纵向动力学孔径也随之略微减小。

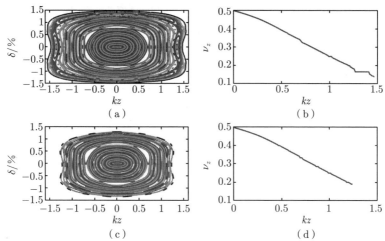

图 5.10 未包含 LM T_{566} （（a）、（b））及包含 LM T_{566} （（c）、（d））情形下的纵向动力学孔径（（a）、（c））和相应的纵向 ADTS（（b）、（d））

需要指出的是，在纵向强聚焦模式下，LM 的 T_{566} 对纵向动力学孔径的影响可以远远强于本书所选择工作点的情形，但在优化过程中，NSGA-II 给出了对 LM T_{566} 相对不敏感的参数。

5.4.2 磁聚焦结构的非线性

就磁聚焦结构非线性而言，除 LM 携带的 T_{566} 以外，主环和纵向强聚焦段内也同样会存在。这两部分的 T_{566} 与 LM 的不同之处在于，可以通过添加六极铁或者调整六极铁强度减弱甚至消除它们对纵向动力学的影响。如在 5.2.5 节内对纵向强聚焦段内的压缩段进行设计时，便考虑到要控制其 T_{566}。实际上，由于纵向强聚焦段内的 EUV 辐射器和主环内的阻尼扭摆器也同样含有依靠其自身无法消除的 T_{566}，因而它们的贡献需要分别借助压缩段和主环的磁聚焦结构消除。图 5.11 给出了消除后剩余的 T_{566} 对纵向动力学孔径的影响。不难发现，纵向动力学孔径对主环和纵向强聚焦段 T_{566} 的符号要求并不一致，主环内正的 T_{566} 和强聚焦段内负的 T_{566} 均会使纵向动力学孔径快速减小，即迅速增大各阶共振线的共振宽度，仅留下 $\frac{1}{2} > \nu_z > \frac{2}{5}$ 的核心部分。但当主环内的 T_{566} 在较小的负值范围内变化，或者强聚焦段内的 T_{566} 在较小的正值范围内变化时，纵向动力学孔径不会受较大的影响。然而当它们超过一定范围后，同样会使共振线的共振宽度增加，进而迅速减小动力学孔径。值得一提的是，由于纵向同步振荡频数在 $\frac{1}{2} > \nu_z > \frac{2}{5}$ 的核心部分共振线较少，这部分几乎不会受到主环或者强聚焦段 T_{566} 的影响，因而即便这两部分的 T_{566} 在 $-500 \sim 500\ \mathrm{\mu m}$ 变化，纵向动力学孔径依然可以维持约 $30\sigma_{\delta Ro}$ 的大小，使得束团的量子寿命得以维持在较长的水平。但束团的托歇克寿命会受到比较大的影响，仅能达到数十秒。

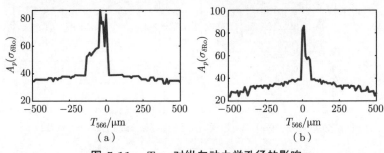

图 5.11　T_{566} 对纵向动力学孔径的影响

（a）主环；（b）纵向强聚焦段

　　根据以上分析，在选定的 SSMB 纵向强聚焦参数下，全环对磁聚焦结构非线性的要求较友好，无论是主环还是纵向强聚焦段内的 T_{566} 均可在较大范围内调节。较差的情况下束团的托歇克寿命依然可在数十秒量级，而 EUV 辐射功率也可预期达到近千瓦。但由于所需激光峰值功率不能低于 $300\ \mathrm{MW}$，考虑到光学增益腔内可实现的平均功率在数兆瓦，最终强聚焦模式下 EUV 光的占空比约 1%。进一步增加光腔内储存激光的平均功率才能增加占空比，并进一步提升 EUV 光的平均功率。

5.4.3　双色激光调制与线性区的扩大

　　为了进一步扩大纵向动力学孔径，可采用增加纵向聚焦过程线性区的方法。由于平面型波荡器中心轴线上的共振波长只存在奇次谐波，即采用波荡器基频共振波长的奇次谐波激光时，电子束能量调制效率更高。现在考虑采用基频和其三次谐波的共同作用来增加调制线性区。

　　假定 3.2.1 节内所描述的基频激光的能量调制扭曲可以忽略，在基频激光和其三次谐波共同作用下的能量调制可以表示为

$$\tilde{\delta} = \sin(\phi_i) + a\sin(3\phi_i)$$

其中 ϕ_i 是电子进入 LM 的初始相位，a 表示三次谐波和基频能量调制峰值之比。为了描述调制过程的线性度，假定与调制波形接近的直线为 $\tilde{\delta} = k\phi_i$，两者的偏差则为

$$f(\phi_i, a, k) = \sin(\phi_i) + a\sin(3\phi_i) - k\phi_i$$

其中，ϕ_i、a 和斜率 k 相互独立。仿照均方根，可定义连续的函数 R：

$$R^2 = \frac{1}{2\phi_m} \int_{-\phi_m}^{\phi_m} [f(\phi, a, k)]^2 \mathrm{d}\phi$$

$$= \frac{1}{2} + \frac{a^2}{2} + \frac{\phi_m^2}{3}k^2 + 2k\cos\phi_m + \frac{2\cos(3\phi_m)}{3}ak - \frac{2\sin\phi_m}{\phi_m}k +$$

$$\frac{\sin(2\phi_m)}{4\phi_m}(2a-1) - \frac{2\sin(3\phi_m)}{9\phi_m}ak - \frac{\sin(4\phi_m)}{4\phi_m}a - \frac{\sin(6\phi_m)}{12\phi_m}a^2$$

这里 $[-\phi_m, \phi_m]$ 是希望线性化的区域。对于某一个关注的区间范围，总存在一个合适的 a 使得线性化程度最高，即 $\frac{\partial R^2}{\partial k} = 0$ 且 $\frac{\partial R^2}{\partial a} = 0$，这意味着

$$\begin{cases} k = \dfrac{1}{3\phi_m^3}[9\sin\phi_m - 9\phi_m\cos\phi_m + a\sin(3\phi_m) - 3a\phi_m\cos(3\phi_m)] \\[2mm] a = 36\{\phi_m\cos\phi_m[6\sin\phi_m + 3\phi_m(\cos(3\phi_m) - \phi_m\sin^3\phi_m - \\ \quad 4\sin(3\phi_m))] + \sin\phi_m\sin(3\phi_m)\}/\{2\{-1 + 27\phi_m^4 + \cos(6\phi_m) - \\ \quad 9\phi_m^2[1 + \cos(6\phi_m)]\} + 3\phi_m(4 - 3\phi_m^2)\sin(6\phi_m)\} \end{cases}$$

　　图 5.12 给出了不同关注区间下，实现最高线性度的调制强度比值 a 和相应的线性斜率 k 以及对应的均方根偏差 R。随着关注区域变宽，基频与三次谐波的能量调制幅度比值变小，即三次谐波调制幅度需逐渐增加，但等效的调制强度（或 k）却在不断减小，且相应的线性度也会越来越差。为了维持相同的线性度，更多高次谐波需要被引入。但对于实际光腔和能量调制过程而言，更多高次谐波调制的引入控制难度非常巨大。仅仅依靠基频与三次谐波的共同调制，在 $[-1.0, 1.0]$ 之间可实现的最高线性度大约是 99.7%，需要的基频和三次谐波能量调制强度比值约 17.16，此时对应的调制强度只有单基频作用时的 0.8431。

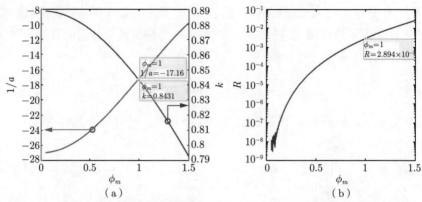

图 5.12　在不同区间实现最高线性化的（a）一、三次谐波能量调制幅度比值 $(1/a)$ 及其对应的斜率 k 和（b）两者的均方根偏差 R

5.5　小　　结

在本章中，我们基于前几章的理论开发了一套适用于纵向强聚焦的优化工具，并借助此工具对清华大学 SSMB-EUV 光源纵向强聚焦储存环进行了基础设计。在详细分析了主环超周期主单元数目、波荡器参数、五种 LM 设置方案的基础上，最终确定了全环的基础结构可采用 4 个超周期（每个超周期 8 个主单元）、双 LM 强聚焦和 1 个阻尼扭摆器。紧接着对这个结构总结出了 17 个自由变量和数个约束，并利用 NSGA-II 开展了全环优化。优化结果显示可实现的 EUV 功率在 3200 W 左右，束流的托歇克寿命可达 2000 s。同时，在对 NSGA-II 给出的优化结果进行详细分析后，发现这样的优化结果对全环的非线性比较友好，主环和纵向强聚焦段内的 T_{566} 均可在较大范围内调节，且较差的情况下束团的托歇克寿命依然可在数十秒量级。最后本章指出，进一步增加纵向动力学孔径尺寸可以考虑采用双色光调制，从而扩大能量调制的线性区。

第 6 章　纳米长度束团的极紫外辐射

SSMB 模式下的束团呈现微聚束的状态，在辐射波荡器位置处，束团的纵向长度只有数纳米，小于波荡器的基频共振波长（即辐射波长），因而束团的辐射属于超辐射或受激超辐射[156-160]。SSMB 束团在波荡器内的辐射过程与 FEL 饱和后，或者与预聚束的 FEL[161] 的辐射过程类似，但由于波荡器比 FEL 短很多，且辐射在电子束团间隔频率数十次谐波的极紫外波段（13.5 nm），SSMB 单次辐射损失能量很少，不属于 FEL，因而无须用现有的 FEL 理论描述。

本章从非标准单电子在波荡器内的运动出发，推导其辐射能谱，进而扩展到单束团和多束团的相干辐射，最终得到一套可描述 SSMB 和 FEL 饱和辐射能谱和功率的解析表达式，并据此分析 SSMB 纳米级长度的束团在极紫外波段的辐射特性。

6.1　单电子在波荡器中的辐射

6.1.1　电子在理想平面型波荡器中的运动

波荡器长度较短的情况下，束团或束团串进入波荡器后，尾部放出的辐射场与头部电子作用的时间较短，对这部分电子的调制作用较弱。忽略这样的作用以及电子的辐射损失，束团或束团串内每个电子的运动可认为相互独立，且完全由其初始状态和波荡器参数决定，这样的近似称为"刚性近似"。

在刚性近似下，电子在平面型波荡器中运动的表述可通过 (3-13) 式获得。假定波荡器放置于无色散位置，用 β_{xi}、β_{yi} 表示电子初始的归一化横向速度，用 (x_i, y_i, z_i) 表示电子的初始三维空间位置，考虑到此时电子只在磁场中运动，其总能量守恒。因此对理想的平面型波荡器，精确到 $\frac{1}{\gamma^2}$ 的电子运动速度可表示成

$$
\begin{cases}
\beta_x = \beta_{xi} + \dfrac{K}{\gamma}\sin(k_u z) & \text{(6-1a)} \\[3mm]
\beta_y = \beta_{yi} & \text{(6-1b)} \\[3mm]
\beta_z = \sqrt{1 - \left(\dfrac{1}{\gamma^2} + \beta_x^2 + \beta_y^2\right)} & \\[3mm]
\quad\ = \bar{\beta}_z + \dfrac{K^2}{4\gamma^2}\cos(2k_u z) + O\left(\dfrac{1}{\gamma^3}\right)_{\text{osc}} & \text{(6-1c)}
\end{cases}
$$

其中 z 方向的平均速度 $\bar{\beta}_z = 1 - \dfrac{1}{2\gamma^2}\left(1 + \dfrac{K^2}{2}\right)$，可认为几乎不依赖于电子的初始横向状态。(6-1) 式中的 $O\left(\dfrac{1}{\gamma^3}\right)_{\text{osc}}$ 表示大小在 $\dfrac{1}{\gamma^3}$ 量级的振荡项，在之后处理辐射的过程中它的影响可认为是小量而被忽略，做这样的近似所带来的偏差在 $\dfrac{1}{\gamma}$ 量级，对百兆电子伏量级以上的电子具有很好的适用性。相应的，三个方向的运动径迹分别可以表示成

$$
\begin{cases}
x \approx \beta_{xi}ct + x_i + \dfrac{K}{\gamma k_u \bar{\beta}_z}[1 - \cos(\bar{\beta}_z k_u ct)] & \text{(6-2a)} \\[3mm]
y \approx \beta_{yi}ct + y_i & \text{(6-2b)} \\[3mm]
z \approx \bar{\beta}_z ct + z_i + \dfrac{K^2}{8\gamma^2 k_u \bar{\beta}_z}\sin(2\bar{\beta}_z k_u ct) & \text{(6-2c)}
\end{cases}
$$

与大多数文献一样，(6-2) 式用 $\bar{\beta}_z ct$ 替换了 z，从而将时间与电子纵向位置关联起来，以便于之后处理辐射时间积分。经数值验证，对于相对论电子，这样的近似仍可高精度描述电子的运动。

6.1.2　辐射的频域特性

　　根据李纳-维谢尔 (Liénard-Wiechert) 势，远场近似下，运动电子的辐射双微分谱一般表达式为[162]

$$\frac{\mathrm{d}^2 W}{\mathrm{d}\Omega\mathrm{d}\omega} = \frac{e^2\omega^2}{16\pi^3\varepsilon_0 c}\left|\int_{-\infty}^{\infty} \boldsymbol{n}\times(\boldsymbol{n}\times\boldsymbol{\beta})\mathrm{e}^{-\mathrm{i}k(ct-\boldsymbol{n}\cdot\boldsymbol{r})}\mathrm{d}t\right|^2 \tag{6-3}$$

式中 $\boldsymbol{r}$ 为电子在 t 时刻的空间位置，ω 为辐射频率，$k = \omega/c$ 为对应的波失，$\boldsymbol{n}$ 表示原点到观察点的单位矢量，笛卡尔坐标系下 $\boldsymbol{n} = (\sin\theta\cos\phi,$ $\sin\theta\sin\phi, \cos\theta)$，图 6.1 给出了各变量的定义。远场近似要求观察屏到波荡器的距离远远大于波荡器本身的长度。

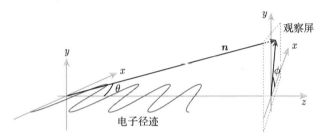

图 6.1　波荡器辐射场坐标示意图

欲得到电子波荡器辐射双微分谱的具体形式，首先处理 (6-3) 式中积分表达式的矢量叉乘项。将电子在波荡器内的运动速度 (6-1) 式代入，考虑到相对论电子的辐射主要集中在运动前向 $\frac{1}{\gamma}$ 张角内，精确到 $\frac{1}{\gamma^2}$，则叉乘结果的三个分量分别可以写成

$$\begin{cases} [\boldsymbol{n}\times(\boldsymbol{n}\times\boldsymbol{\beta})]_x \approx -\beta_{x\mathrm{i}} - \dfrac{K}{\gamma}\sin(\bar{\beta}_z k_\mathrm{u}ct) + \bar{\beta}_z\theta\cos\phi & \text{(6-4a)} \\[3mm] [\boldsymbol{n}\times(\boldsymbol{n}\times\boldsymbol{\beta})]_y \approx -\beta_{y\mathrm{i}} + \bar{\beta}_z\theta\sin\phi & \text{(6-4b)} \\[3mm] [\boldsymbol{n}\times(\boldsymbol{n}\times\boldsymbol{\beta})]_z \approx -\bar{\beta}_z\theta^2 + \dfrac{K}{\gamma}\theta\cos\phi\sin(\bar{\beta}_z k_\mathrm{u}ct) & \text{(6-4c)} \end{cases}$$

一般而言，辐射角 θ 与 $\frac{1}{\gamma}$ 同量级，即辐射的 z 方向成分几乎只有其他两个方向辐射的 $\frac{1}{\gamma}$，因而在大多数参考文献中被忽略，这里保留该项。对于 (6-3) 式中积分表达式的 e 指数项，由于辐射频率很高，处理时需要更加细致。结合电子的运动径迹 (6-2) 式和单位矢量 $\boldsymbol{n}$ 的表达式，利用一

般化贝塞尔函数的定义[151,163]

$$J_n(x,y) = \frac{1}{\pi} \int\limits_0^\pi \cos(nt - x\sin t - y\sin 2t)\mathrm{d}t$$

(6-3) 式中积分表达式的 e 指数项可以改写为

$$\mathrm{e}^{-\mathrm{i}k(ct-\boldsymbol{n}\cdot\boldsymbol{r})} = \sum_{H=-\infty}^{\infty} \mathrm{i}^H J_H(A,B)\mathrm{e}^{\mathrm{i}C}\mathrm{e}^{\mathrm{i}(\tilde{C}+H)\bar{\beta}_z k_u ct}$$

其中 H 为辐射的谐波次数，在实际对 H 的求和过程中，只取正整数。其他参数定义为

$$\begin{cases} C = k\left[\dfrac{K}{\gamma k_u\bar{\beta}_z}\sin\theta\cos\phi + (x_i\cos\phi + y_i\sin\phi)\sin\theta + z_i\cos\theta\right] \\[2mm] \tilde{C} = \dfrac{k}{\bar{\beta}_z k_u}\left(\bar{\beta}_z\cos\theta + \beta_{ti} - 1\right) \\[2mm] \beta_{ti} = (\beta_{xi}\cos\phi + \beta_{yi}\sin\phi)\sin\theta \\[2mm] A = -\dfrac{k}{\bar{\beta}_z k_u}\dfrac{K}{\gamma}\sin\theta\cos\phi \\[2mm] B = -\dfrac{k}{\bar{\beta}_z k_u}\dfrac{K^2}{8\gamma^2}\cos\theta \end{cases}$$

将此 e 指数关系代入与 (6-4) 式相关的积分中，并用 $I_{x,y,z}$ 分别表示三个维度的积分，考虑到电子只在时间 $0 \sim \dfrac{2\pi N_u}{\bar{\beta}_z k_u c}$ 内运动，可以发现 $I_{x,y,z}$ 中对 H 求和的每一项均与积分

$$f(H,\epsilon) = \int\limits_0^{2\pi N_u} \mathrm{i}^H \mathrm{e}^{\mathrm{i}C}\mathrm{e}^{\mathrm{i}\epsilon t}\mathrm{d}t = \frac{2\pi\sin(\pi N_u\epsilon)}{\pi\epsilon}\mathrm{e}^{\mathrm{i}\pi N_u\epsilon}\mathrm{e}^{\mathrm{i}\left(C+\frac{H\pi}{2}\right)} \tag{6-5}$$

成正比，式中 ϵ 定义为

$$\epsilon = H + \tilde{C} = H - \frac{\omega}{\bar{\beta}_z k_u c}\left(1 - \bar{\beta}_z\cos\theta - \beta_{ti}\right) \tag{6-6}$$

(6-5) 式中的函数 $\dfrac{\sin(\pi N_u\epsilon)}{\pi\epsilon}$ 在 $\epsilon = 0$ 处存在一尖峰，其半高全宽（full width at half maximum，FWHM）$\Delta\epsilon = \dfrac{1.2067}{N_u}$。随着波荡器周期

数 N_u 不断增大，峰越窄、频谱也越单一。在极限的情况下，该函数演变成狄拉克 δ 函数，即 $\lim\limits_{N_u \to \infty} \dfrac{\sin(\pi N_u \epsilon)}{\pi \epsilon} = \delta(\epsilon)$。图 6.2 展示了此函数在 $N_u = 10$、50 和 100 时的图像，波荡器周期数越大，峰越尖锐。此函数在 $\epsilon = 0$ 时存在最大值，对应的辐射强度也最大。定义此时的辐射频率

$$\omega(H) = H \frac{\bar{\beta}_z k_u c}{1 - \bar{\beta}_z \cos\theta - \beta_{ti}} \tag{6-7}$$

为波荡器的 H 次谐波共振频率。对相对论标准电子（$\beta_{ti} \equiv 0$），（6-7）式退化成我们熟知的波荡器共振关系 $\lambda(H) = \dfrac{\lambda_u}{2H\gamma_c^2}\left(1 + \dfrac{K^2}{2} + \gamma_c^2\theta^2\right)$。这里 $\lambda(H)$ 为 H 次谐波对应的共振波长。在波荡器轴线上 $\theta \equiv 0$，辐射波长最短，光子能量最高。偏离轴线时，辐射波长变长发生红移，但红移程度只与偏离轴线的角度 θ 相关，完全不依赖于环向幅角 ϕ。对于存在初始横向速度的非标准电子，β_{ti} 的影响将打破这种环向对称性，辐射频率最高的方向将从波荡器中心轴线移动至电子初始横向速度的方向，且最高频率略高于相同能量但无初始横向速度的电子在波荡器轴线上的辐射频率。这个效应表明：具有横向速度分布的束团辐射频谱存在非均匀展宽。

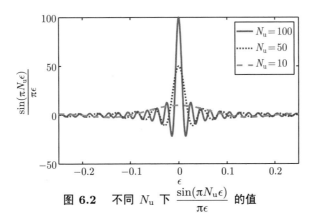

图 6.2　不同 N_u 下 $\dfrac{\sin(\pi N_u \epsilon)}{\pi \epsilon}$ 的值

进一步对与 (6-4) 式中三个分量相关的函数分别积分，可得电子在波荡器中运动的辐射双微分谱。考虑到函数 $\dfrac{\sin(\pi N_u \epsilon)}{\pi \epsilon}$ 的峰值特性，可采用离散的频率分量 $\dfrac{H}{1 - \bar{\beta}_z \cos\theta - \beta_{ti}}$ 代替参数 A、B 中的 $\dfrac{k}{\bar{\beta}_z k_u}$，则电子

在 (θ, ϕ) 方向上的辐射双微分谱可表示成

$$\frac{\mathrm{d}^2 W(\theta, \phi)}{\mathrm{d}\Omega \mathrm{d}\omega} = \frac{e^2}{16\pi^3 \varepsilon_0 c} \sum_{H=1}^{\infty} \left[I_x^2(H) + I_y^2(H) + I_z^2(H) \right] |f(H, \epsilon)|^2 \quad (6\text{-}8)$$

此时

$$\begin{cases} I_x(H) = H \dfrac{(-\beta_{x\mathrm{i}} + \bar{\beta}_z \theta \cos \phi)\mathcal{D}_1(H) + K\mathcal{D}_2(H)/\gamma}{1 - \bar{\beta}_z \cos \theta - \beta_{t\mathrm{i}}} \\[3mm] I_y(H) = H \dfrac{(-\beta_{y\mathrm{i}} + \bar{\beta}_z \theta \sin \phi)\mathcal{D}_1(H)}{1 - \bar{\beta}_z \cos \theta - \beta_{t\mathrm{i}}} \\[3mm] I_z(H) = H \dfrac{-\bar{\beta}_z \theta^2 \mathcal{D}_1(H) - K\theta \cos \phi \mathcal{D}_2(H)/\gamma}{1 - \bar{\beta}_z \cos \theta - \beta_{t\mathrm{i}}} \\[3mm] \mathcal{D}_1(H) = J_H(H\mathcal{A}, H\mathcal{B}) \\[3mm] \mathcal{D}_2(H) = \dfrac{1}{2}[J_{H-1}(H\mathcal{A}, H\mathcal{B}) + J_{H+1}(H\mathcal{A}, H\mathcal{B})] \\[3mm] \mathcal{A} = \dfrac{-K}{\gamma(1 - \bar{\beta}_z \cos \theta - \beta_{t\mathrm{i}})} \sin \theta \cos \phi \\[3mm] \mathcal{B} = \dfrac{-K^2}{8\gamma^2(1 - \bar{\beta}_z \cos \theta - \beta_{t\mathrm{i}})} \cos \theta \end{cases}$$

其中 x 和 y 两个方向的辐射 $I_x^2(H)$、$I_y^2(H)$ 分别对应辐射的 σ 模和 π 模[94,164]，它们占据了辐射的绝大部分能量。z 方向的分量只有其他两个方向的 $\dfrac{1}{\gamma^2}$，几乎可以忽略。图 6.3 给出了 $H = 1$、2、3 时两种模式的归一化强度分布。辐射谐波次数 H 对应着电子振荡方向光斑数，随着 H 的增加，该模式峰值强度逐渐减小。但在垂直电子振荡平面或平行于波荡器磁场的方向，光斑数由 σ 或 π 模决定，其中 σ 只有一个光斑，而 π 模存在两个，且在电子振荡平面上（$\phi = 0$, π)π 模强度为零。总体而言，各次谐波的 σ 模峰值强度比 π 模高一个量级。

　　辐射谐波次数 H 不仅与辐射光斑数相关，与辐射能谱也有密切关系。图 6.4 展示了不同谐波对总能谱的贡献，在各次谐波上，辐射的最高频率由 (6-7) 式给出，超过此频率成分的辐射强度急速下降，只有由于红移产生的小于此频率的成分对总能谱具有贡献。

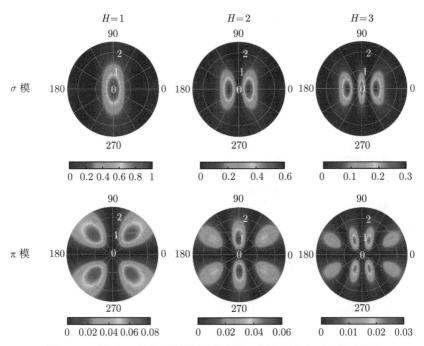

图 6.3　不同 H 取值时两种模式的归一化强度分布（前附彩图）

注：径向值表示辐射张角 $\theta(\text{mrad})$，环向值表示 $\phi(°)$。

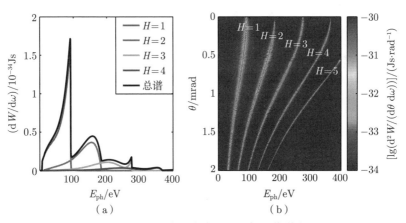

图 6.4　不同谐波对总能谱的贡献（前附彩图）

（a）各次谐波的谱形；（b）不同张角能谱

6.1.3 辐射的时域特性

辐射的时域特性与辐射脉冲长度和辐射功率密切相关。影响观察屏上探测到的辐射脉冲长度的因素有两个：一是源于辐射的推迟效应和辐射能谱结构；二是源于辐射场的传播。在波荡器前方观察屏上接收到的典型辐射场如图 6.5 所示。

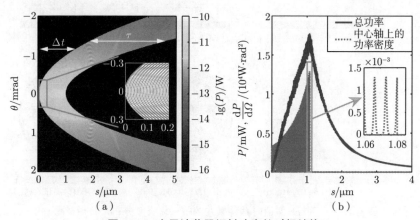

图 6.5　电子波荡器辐射功率的时间结构

由于辐射的推迟效应，虽然电子在波荡器内的运动时间长度为 $\dfrac{2\pi N_{\mathrm{u}}}{\bar{\beta}_z k_{\mathrm{u}} c}$，但在观察屏上观测到的辐射脉冲长度只与辐射滑移有关。根据图 6.4（b）所示的辐射频域结构可知，在 θ 方向上的辐射几乎只存在固定的分立频谱，辐射波长最长的成分（$H = 1$）对应的滑移越大，辐射脉冲也越长。因此可将 θ 方向上的辐射脉冲长度表示为

$$\tau = \frac{N_{\mathrm{u}}\lambda(\theta)}{c} = \frac{N_{\mathrm{u}}\lambda_{\mathrm{u}}}{2\gamma^2 c}\left(1 + \frac{K^2}{2} + \gamma^2\theta^2\right)$$

它随着观察角的增加而快速增长，$\lambda(\theta)$ 表示在 θ 方向的基频共振波长。

另外辐射场的传播需要时间，对于图 6.1 所示的平面型观察屏，运动电子同一时刻放出的辐射到达观察屏上不同角度 θ 的时刻不同，若观察屏放置在 $z = L$（$L \gg N_{\mathrm{u}}\lambda_{\mathrm{u}}$）处，那么当电子进入波荡器后，在 θ 方向探测到辐射信号的起始时刻将为 $t_s = \dfrac{L}{c\cos\theta}$，相比波荡器轴线方向辐射

晚到的时间为

$$\Delta t = \frac{L}{c}\left(\frac{1}{\cos\theta} - 1\right) \approx \frac{L\theta^2}{2c}$$

图 6.5 展示了 τ 和 Δt 的示意图及电子波荡器辐射的功率时间结构，辐射场向左传播，$s = 1.08\ \mu m$ 处的辐射为电子在波荡器出口处发出。辐射功率在波荡器轴线附近最高，脉宽最短；随着 θ 的增加，脉宽快速拉长，功率也相应下降。由于电子在波荡器中的正余弦振荡运动每周期具有两次加速度最大的时刻，因而整个辐射场具有非常精密的结构，它们是相应方框内的局部放大图，每周期内存在两个功率脉冲，每个脉冲脉宽小于 $\frac{\lambda(\theta)}{2c}$，可短至阿秒量级。图 6.5（b）实线为观察屏上探测到的功率，$s < 1.08\ \mu m$ 部分的上升沿是由于各 θ 方向的辐射相继到达观察屏的结果；而 $s > 1.08\ \mu m$ 部分的下降则是由于辐射脉冲后沿相继离开观察屏。虚线为波荡器轴线方向的辐射功率密度，$s < 1.08\ \mu m$ 部分的辐射功率密度不断增强，这是由于探测面距离波荡器位置有限，电子在波荡器尾部放出的辐射相比头部的传播距离更近，因而辐射场到达观察屏时更强。

6.2 微束团在波荡器中的超辐射能谱

如果束团长度小于辐射波长，此时的辐射过程称为"超辐射"。超辐射中由于辐射场的相干特性，辐射功率相比一般长束团强很多。本节着重处理单束团在波荡器中的超辐射，从单电子在波荡器中的辐射能谱表达式 (6-8) 式扩展，可得到适用于任意束团分布的电子束辐射能谱。

6.2.1 单个方向的辐射双微分谱

对多电子体系，如果辐射场对束团内电子的调制作用较小（可忽略时），该体系的辐射双微分谱可通过叠加各电子的辐射电场后做傅里叶变换得到，在远场近似下利用 (6-8) 式，结果可表示为

$$\frac{\mathrm{d}^2W(\theta,\phi)}{\mathrm{d}\Omega\mathrm{d}\omega} = \frac{e^2}{16\pi^3\varepsilon_0 c}\sum_{H=1}^{\infty}\left[\sum_{x,y,z}\left|\sum_{j=1}^{N_e}I_{jx,jy,jz}(H)f(H,\epsilon_j)\right|^2\right]$$

j 为电子编号，且每个电子的各分量定义均与 (6-8) 式相同。最内层对所有电子求和的过程本质上是电场的叠加，表征了辐射场的相干过程。一般而言，束团内几乎所有的电子相对标准电子均存在横向速度偏差和能量偏差，因而每个电子的 I_x、I_y、I_z 均不相同。但一般情况下，所有电子的横向归一化初始动量 $\gamma\beta_{xi}$、$\gamma\beta_{yi}$ 和相对标准电子的能量偏差 δ 均远小于 1，可用标准电子的 I_{0x}、I_{0y}、I_{0z} 替换非标准电子的三个系数，由此产生的偏差只在横向归一化初始动量和能量偏差的量级。需要特别说明的是，由于 I_{cz} 只有 I_{cx} 和 I_{cy} 的 $\dfrac{1}{\gamma}$，基本在产生的偏差范围内，此时保留 z 项已只有形式上的意义。对于相位因子 $f(H, \epsilon_j)$，仍需要考虑初始横向速度、能量偏差的影响，那么前式可改写成

$$\frac{\mathrm{d}^2W(\theta,\phi)}{\mathrm{d}\Omega\mathrm{d}\omega} = \frac{e^2}{16\pi^3\varepsilon_0 c}\sum_{H=1}^{\infty}\left[I_{cx}^2(H) + I_{cy}^2(H) + I_{cz}^2(H)\right]\left|\sum_{j=1}^{N_e}f(H,\epsilon_j)\right|^2$$

(6-9)

其中角标 c 表示标准电子。对 $f(H, \epsilon_j)$ 求和的模平方项表征辐射相干作用，因而将其称为"相干因子"。在超辐射情况下，它对辐射能谱的影响非常大，将在接下来对它进行详细讨论。

6.2.2   相干因子

在 (6-9) 式中只对辐射的强度系数做了近似，即用标准电子的辐射强度系数替代了非标准电子，但考虑到相干作用的敏感性，对相干因子中的不同电子参数做了保留。如果在这部分做最粗糙的近似，即完全忽略不同电子初始横向速度和能量偏差的影响，仅保留它们的位置信息，那么 (6-9) 式的相干因子中对各电子的求和便可只对 $\mathrm{e}^{\mathrm{i}C_j}$ 操作，进而变成文献 [165-166] 中的形式

$$\begin{aligned}\frac{\mathrm{d}^2W(\theta,\phi)}{\mathrm{d}\Omega\mathrm{d}\omega} &= \frac{\mathrm{d}^2W}{\mathrm{d}\Omega\mathrm{d}\omega}\bigg|_{\text{single}}\left|\sum_{j=1}^{N_e}\mathrm{e}^{\mathrm{i}C_j}\right|^2\\&= \frac{\mathrm{d}^2W(\theta,\phi)}{\mathrm{d}\Omega\mathrm{d}\omega}\bigg|_{\text{single}}\left[N_e + N_e\left(N_e - 1\right)F(\omega)\right]\end{aligned}$$

其中 $\dfrac{\mathrm{d}^2 W}{\mathrm{d}\Omega\mathrm{d}\omega}\Big|_{\text{single}}$ 表示单个标准电子在 (θ,ϕ) 方向的辐射双微分谱；$F(\omega)$ 表示束团的形状因子，定义为

$$F(\omega) = \left| \int S(\boldsymbol{x})\mathrm{e}^{\mathrm{i}k\boldsymbol{n}\cdot\boldsymbol{x}}\mathrm{d}\boldsymbol{x} \right|^2 = b^2$$

其中 $S(\boldsymbol{x})$ 为束团的三维位置分布函数，$\boldsymbol{n}$ 为观察方向矢量。当形状因子 $F(\omega)$ 具有大小接近 1 的可观值时，束团辐射的纵向相干性变好，总辐射能量将近乎正比于束团内电子数目的平方，总功率也可大幅提升。对于三维位置分布全为高斯分布的单束团，如果用 σ_x、σ_y 和 σ_z 分别表示束团的水平、垂直及纵向均方根尺寸，那么

$$b = \mathrm{e}^{-\frac{1}{2}k^2\left(\sigma_x^2\sin^2\theta\cos^2\phi + \sigma_y^2\sin^2\theta\sin^2\phi + \sigma_z^2\right)} \tag{6-10}$$

它表示束团沿单一 (θ,ϕ) 方向的辐射相干特性，即沿该方向的纵向（时间）相干性，当束团长度小于辐射波长（即 $k\sigma_z < 2\pi$）时，b 才有比较可观的值，即超辐射的相干情形。束团横向尺寸对波荡器轴线上的聚束因子没有影响；但在偏离轴线后，束团沿着观察方向的投影长度变长，聚束因子因此受到横向尺寸的影响而减小。

实际束团不仅具有三维位置分布，也存在横向动量和能量偏差的分布，采用只保留位置分布的粗糙近似无法准确描述束团的相干辐射。对于在六维相空间中均存在分布的束团，可利用非标准电子的初始状态参数，将其相干因子表示成

$$\left| \sum_{j=1}^{N_e} f(H,\epsilon_j) \right|^2 = \left| \sum_{j=1}^{N_e} \mathrm{sinc}(N_u\epsilon_j)\exp\left[\mathrm{i}k\left(x_{ij} + \frac{1}{2}L_u x'_{ij} \right)\cos\phi\sin\theta + \right.\right.$$
$$\mathrm{i}k\left(y_{ij} + \frac{1}{2}L_u y'_{ij} \right)\sin\phi\sin\theta +$$
$$\left.\left. \mathrm{i}k\left(z_{ij} + N_u\lambda_1\delta_j - \frac{K\delta_j}{\gamma_c k_u}\cos\phi\sin\theta \right) \right] \right|^2 (2\pi N_u)^2 \tag{6-11}$$

其中 λ_1 表示波荡器轴线上的基频共振波长，相应的频率和波数为 ω_1、k_1。(6-11) 式中已将电子初始速度和能量换成了加速器中常用的形式。而函

数 $\mathrm{sinc}(x) = \dfrac{\sin \pi x}{\pi x}$，它与能谱的展宽效应密切相关，用 ϵ_c 表示标准电子对应 (6-6) 式的 ϵ 参数，注意到

$$\epsilon_j = \epsilon_c + \frac{k}{k_{\mathrm{u}}} \left[\frac{1 + K^2/2}{\gamma_c^2} \delta_j + \left(x'_{ij} \cos \phi + y'_{ij} \sin \phi \right) \sin \theta \right]$$

当电子存在能量偏差或者初始横向速度时，共振关系的改变促使能谱的共振频率发生轻微的平移，多粒子累计效果即为能谱的展宽。对于纯粹的能量偏差带来的展宽为 $\dfrac{\delta \omega}{\omega_1} = 2\sigma_\delta$，其中 σ_δ 为高斯束团的均方根能散。

应该说明，(6-11) 式适用于任意初始六维相空间分布的束团，一旦给定电子束团内每个电子在波荡器入口处的状态，结合 (6-9) 式则可以获得其相干辐射能谱。从提升辐射能量或者功率的角度考虑，(6-11) 式也给出了束流匹配的重要性。当束团在波荡器入口处的水平、垂直和纵向各存在斜率为 $-L_{\mathrm{u}}/2$、$-L_{\mathrm{u}}/2$ 和 $-N_{\mathrm{u}}\lambda_1$ 的倾角时，束团在波荡器正中心的三维相空间均为正椭圆，此时辐射能量和功率可以最大化。当束团的六维相空间均为理想高斯分布时，用 $\sigma_{x'}$ 和 $\sigma_{y'}$ 分别表示束团在波荡器中心处水平和垂直方向的散角，束团的相干因子可以进一步表示为

$$\left| \sum_{j=1}^{N_e} f(H, \epsilon_j) \right|^2 = N_e \left(2\pi N_{\mathrm{u}} \right)^2 \mathrm{sinc}^2(N_{\mathrm{u}}\epsilon_c) + N_e(N_e - 1) F(\omega) \left(2\pi N_{\mathrm{u}} \right)^2 \cdot$$

$$\left| \int_{-0.5}^{0.5} \cos\left(2\pi N_{\mathrm{u}} \epsilon_c t \right) \mathrm{e}^{-\frac{1}{2}(A_T + A_z)t^2} \mathrm{d}t \right|^2$$

$$(6\text{-}12)$$

系数 A_T、A_z 与束流在波荡器中心处的横向散角和能散有关，分别定义为

$$\begin{cases} A_T = k^2 L_{\mathrm{u}}^2 \left(\sigma_{x'}^2 \cos^2 \phi + \sigma_{y'}^2 \sin^2 \phi \right) \sin^2 \theta \\ A_z = k^2 \left(2N_{\mathrm{u}}\lambda_1 \sigma_\delta \right)^2 \end{cases}$$

至此，(6-12) 式和 (6-11) 式结合 (6-9) 式已构成比较完整的电子束波荡器辐射计算方法。对于任意分布的电子束，可采用 (6-11) 式的离散方法计算其在波荡器中的相干辐射能谱和角分布。尽管这种方法适用性

比较好且准确性较高，但其计算速度相对较慢。更快的计算方法则是采用 (6-12) 式和 (6-9) 式，但只能处理高斯分布的匹配束情形，无法扩展到任意分布或非匹配束的情况。

6.2.3　全空间辐射能谱与空间、时间相干系数

束团的全空间辐射能谱可以通过对 (6-9) 式表示的双微分谱进行立体角积分获得。即

$$
\frac{\mathrm{d}W}{\mathrm{d}\omega} = \frac{e^2}{16\pi^3 \varepsilon_0 c} \sum_{H=1}^{\infty} \int_0^{2\pi} \int_0^{\pi/2} \left[I_{cx}^2(H) + I_{cy}^2(H) + I_{cz}^2(H) \right] \cdot
$$

$$
\left| \sum_{j=1}^{N_e} f(H, \epsilon_j) \right|^2 \sin\theta \mathrm{d}\theta \mathrm{d}\phi
$$

对于一般的束团，由于辐射强度系数 I_{cx}、I_{cy}、I_{cz} 和相干因子中均含有积分变量 θ、ϕ，此式的积分难以从理论上进行，可采用数值方法处理。但为了从理论上获得比较直观的理解，可做以下假设和近似：

1. 束团为相对论电子束，且 $\gamma_c \gg 1$。此时束团内每个电子的辐射张角很小，因而 $\sin\theta$ 可近似用 θ 代替。

2. 假定束团的横向分布为圆形，那么相干因子将与环向无关，对 ϕ 的积分可仅对强度系数操作。

3. 在辐射波荡器周期数达到 10 以上时，考虑到辐射双微分谱的红移和峰值特性，对于波长为 λ 的辐射，强度系数 I_{cx}、I_{cy}、I_{cz} 仅在 $\theta = \theta_1 = \dfrac{1}{\gamma}\sqrt{\left(\dfrac{H\lambda}{\lambda_1} - 1\right)\dfrac{2+K^2}{2}}$ 处有明显贡献，可用其在 θ_1 处的值代替全局函数值。如此，强度系数与 θ 无关，对角度 θ 的积分可仅作用于相干因子。

以上假设对于能量在数百兆电子伏以上的电子束和数十周期以上的波荡器而言误差很小。因此，束团的全空间辐射能谱可以重新表述为

$$
\frac{\mathrm{d}W}{\mathrm{d}\omega} = \frac{e^2}{32\pi^3 \varepsilon_0 c} \sum_{H=1}^{\infty} \int_0^{2\pi} \left[I_{cx}^2(H, \theta_1) + I_{cy}^2(H, \theta_1) + I_{cz}^2(H, \theta_1) \right] \mathrm{d}\phi \cdot
$$

$$
\int_0^{\infty} \left| \sum_{j=1}^{N_e} f(H, \epsilon_j) \right|^2 \mathrm{d}\theta^2
$$

辐射强度系数对环向角 ϕ 积分项与束流品质无关，仅依赖于辐射波长，我们主要关注对相干因子的积分项，它表征了束团辐射的三维相干性对能谱的影响。根据 (6-12) 式，相干因子的积分可表示为

$$
\int\limits_0^\infty \left| \sum_{j=1}^{N_e} f(H, \epsilon_j) \right|^2 \mathrm{d}\theta^2 = N_e \left(2\pi N_u\right)^2 \frac{2}{kL_u} \left[\frac{\cos\left(2H_d\right) - 1}{H_d} + \pi + 2\mathrm{Si}\left(2H_d\right) \right] +
$$

$$
N_e \left(N_e - 1\right) \left(2\pi N_u\right)^2 \frac{2\pi}{kL_u} F_{\mathrm{T}}(k) F_{\mathrm{L}}(k)
$$

其中 $H_d = \pi N_u \left(H - \dfrac{k}{k_1} \right)$ 表示辐射波长偏离轴线各次共振谐波的程度，$\mathrm{Si}(x)$ 为正弦积分函数。此式第一项为非相干项，构成了辐射能谱的本底，它正比于束团内的电子数目和波荡器的周期数；第二项则为相干项，其中 $F_{\mathrm{T}}(k)$ 和 $F_{\mathrm{L}}(k)$ 分别为束团辐射的空间和时间相干系数，表征辐射场在横向和纵向的相干性强弱。尽管它们均会影响辐射能谱强度，但作用机理并不一致，接下来将分开讨论。

1. 空间相干系数

各个辐射频率对应的空间相干系数定义为

$$
F_{\mathrm{T}}(k) = \frac{1}{2\pi} \iint\limits_{-0.5}^{0.5} \left[g(x, y) + g(x, -y) \right] \mathrm{e}^{-2S_d^2(x^2+y^2)} \mathrm{d}x \mathrm{d}y \tag{6-13}
$$

其中

$$
\begin{cases}
g(x, y) = \dfrac{\left[2S + S_p\left(x^2+y^2\right)\right] \cos\left[2H_d(x+y)\right] + (x+y)\sin\left[2H_d(x+y)\right]}{\left[2S + S_p\left(x^2+y^2\right)\right]^2 + (x+y)^2} \\[3mm]
S = \dfrac{k\sigma^2}{L_u} \\[3mm]
S_p = \dfrac{k\left(L_u\sigma_p\right)^2}{L_u} \\[3mm]
S_d = kN_u\lambda_1\sigma_\delta
\end{cases}
$$

这里引入了三个与束团横向尺寸、散角和能散相关的系数：S、S_p 和 S_d。由于 σ 可认为是辐射场在波荡器中心处的光源尺寸，因而 S 和 S_p 表征

着产生的波数为 k 的辐射光瑞利长度与 $\frac{1}{2}$ 波荡器长度的比值；S_d 则表示由于能散，束流在 $\frac{1}{2}$ 波荡器内的束长拉伸相对辐射波长之比。当 $S = S_p = S_d = 0$ 时，所有电子放出的辐射将完全相干，$F_T(k)$ 的值为 1。实际上，束团的横向尺寸、散角和能散均会影响空间相干性。分析 (6-13) 式不难发现，由于束团内电子的能量偏差和横向角度偏差均会影响共振关系，因而束团的散角和能散均与时间积分变量 x 和 y 相关。但束团内电子的位置偏差仅会使辐射场在探测面上发生相应的平移，因而空间相干性对束团横向尺寸的依赖相对较简单。如果完全不考虑散角和能散的贡献，在各次共振谐波上（即 $H_d = 0$），空间相干系数则退化成相对简单的形式[150,167]

$$F_T(k) = \frac{2}{\pi}\left[\arctan\frac{1}{2S} - S\ln\left(1 + \frac{1}{4S^2}\right)\right]$$

在束团横向尺寸较大的情况下，$F_T(k) \to \frac{1}{2\pi S}$，即辐射能量或功率将随 S 反比下降。然而由于横向角度偏差对共振关系的影响，空间相干系数对 S_p 的依赖则更复杂。图 6.6（a）给出了 $H_d = 0$ 时 $F_T(k)$ 与 S_p 和 S 的关系。总体而言，空间相干系数对 S_p 的依赖与 S 类似，随着束团散角的增加而下降，但 $F_T(k)$ 对 S_p 的变化更不敏感。对于相同的 $F_T(k)$，S_p 几乎是 S 的 100 倍。这也暗示着在较短波荡器情况下，采用更强的横向聚焦，缩小束团尺寸并适当增加束流散角，有利于辐射功率的提升。在 S_p 较大时，仅考虑散角的作用，$F_T(k)$ 将趋近于 $\frac{1}{S_p}\ln\frac{S_p^2}{2} + \frac{0.69}{\pi S_p}$。

　　束团的横向特性（如横向尺寸和散角）对空间相干系数产生影响是比较符合物理直觉的，但束团能散会对空间相干系数而不是时间相干系数产生影响却是比较反直觉的。束团能散 σ_δ 属于纵向参数，但由于它对共振关系的影响，使得其数学上无法与空间相干系数分离，因而可直接将其划分到横向相干性中。与束团横向散角 S_p 类似，$F_T(k)$ 对 S_d 的依赖也比较复杂，但在仅考虑能散作用下

$$F_T(k) = \frac{\sqrt{\pi}}{2}\frac{\text{Erf}(S_d)}{S_d}$$

这里 Erf(x) 表示误差函数。图 6.6（b）给出了此关系曲线，在 S_d 较小或较大时，$F_T(k)$ 的变化均比较缓慢。但当能散在半个波荡器内造成的束长拉伸与辐射波长相近（即 S_d 在 1 附近）时，$F_T(k)$ 则快速下降；当 $S_d = 2$ 时，束团的辐射能量将不足完全相干时的一半。

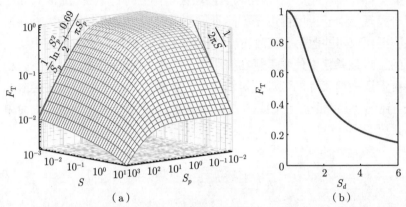

图 6.6   圆形电子束波荡器辐射的空间相干系数随（a）横向尺寸、散角和（b）能散的变化

上述分析主要针对共振频率成分，即 $H_d = 0$。对于非共振的频率成分，(6-13) 式则表明束流的横向尺寸对其有明显的抑制作用。图 6.7 给出了不同横向尺寸和散角下偏离共振波长辐射的空间相干系数，所采用的波荡器长度为 2 m。对于完全不存在横向分布的"束团"，辐射在频率大于共振频率范围内完全相干。在接近共振频率时，空间相干系数 $F_T(k)$ 在线宽 $\dfrac{1}{N_u}$ 内快速降为零。需要指出，由于空间立体角的影响，在恰好共振波长处，$F_T(k)$ 仅为 0.5。随着束团横向尺寸和散角的增加，低频部分的辐射被抑制，空间相干系数也逐渐降低，仅在略低于共振波长的位置出现最大的空间相干性，且 $F_T(k)$ 峰值对应的辐射频率随着束团横向尺寸和散角的增大而逐渐逼近共振点。在此过程中，峰值空间相干系数也不断减小，辐射能量和功率也会相应下降。根据束团的横向尺寸对非共振波长辐射的抑制作用，为最大化辐射功率，需将波荡器共振波长往预定辐射波长更短的方向做微调。

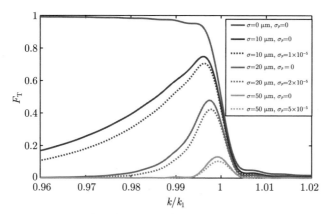

图 6.7　不同束团横向尺寸和散角对非共振波长的抑制作用

2. 时间相干系数

时间相干系数 $F_{\mathrm{L}}(k)$ 表征束团辐射的纵向相干性，它与 (6-10) 式表示的单束团聚束因子类似，但由于去掉横向参数及能散的作用，$F_{\mathrm{L}}(k)$ 仅仅是束团内电子纵向位置的空间傅里叶变换。对于单个纵向位置为高斯分布的束团 $F_{\mathrm{L}}(k) = \mathrm{e}^{-k^2\sigma_z^2}$，而在 SSMB 的多束团情况下，每个微束团的分布几乎相同，且间隔恒定为激光调制器的波长 λ_{m}，那么其时间相干系数可以写为

$$F_{\mathrm{L}}(k) = \mathrm{e}^{-k^2\sigma_z^2} \times \left(\frac{\sin \dfrac{N_b k \lambda_{\mathrm{m}}}{2}}{\sin \dfrac{k \lambda_{\mathrm{m}}}{2}} \right)^2 \tag{6-14}$$

式中等号右侧第一项为单微束团的时间相干系数，而右侧多出的因子则是由于多个微束团辐射场相互叠加后的相干加强，其中 N_b 为相互作用的微束团数目。当辐射波长与束团间隔 λ_{m} 满足整数关系时，sin 函数比值结果为 N_b，即辐射能量或功率也将随着 N_b^2 增长。

图 6.8 给出了不同数目的相同微束团辐射场相互叠加时，归一化时间相干系数随辐射波长的变化。图 6.8 中右侧快速下降的部分表示所有相互作用的微束团形成的宏束团在长波部分的相干作用，当辐射波长长于宏脉冲时，纵向相干性迅速提升。对于双束团，数学形式为 $\cos^2(\pi\lambda_{\mathrm{m}}/\lambda)$，其中 $\lambda > \lambda_{\mathrm{m}}$。而图 6.8 左侧一系列的尖峰则得益于宏束团内规律排布的微束团结构，各个尖峰分别对应着束团间隔的各次谐波，且峰的 FWHM

反比于相互作用的微束团数目。这样的微结构可以将相干辐射的波长推至更短的范围，典型的例子则是 EEHG[24,168-169]。在谐波区间，极限的相干辐射波长取决于微束团的长度，图 6.8 中左侧部分快速下降的包络则源于微束团束长 σ_z 的作用，数学形式即为单个束团的时间相干系数。

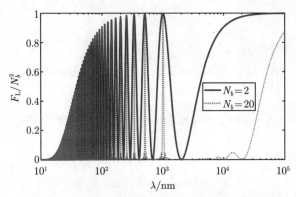

图 6.8　　不同微束团数目下的归一化时间相干系数

注：其中 $\lambda_m = 1\ \mu m$，$\sigma_z = 5\ nm$。

在谐波辐射的范围内，根据 (6-14) 式，第 n 次谐波的绝对 FWHM $\Delta\omega = \dfrac{2\sqrt{2}c}{N_b\lambda_m}$，仅仅反比于可以相互作用的微束团数目，不依赖于谐波次数；而相对 FWHM $\Delta\omega/\omega_n = \dfrac{\sqrt{2}}{\pi n N_b}$ 则反比于谐波次数和微束团的乘积。需要注意的是，在 n 次谐波辐射的情况下，具有 N_u 个周期的波荡器，可以相互作用的束团数目仅为 $[N_u/n]_u$，其中 $[x]_u$ 表示向下取整。因而对于固定周期数的波荡器，工作在辐射谐波数越高的情况下，由于相互作用束团数目的降低，辐射频谱的 FWHM 越大。

3. 干涉环——时空相干性的结合

对于多束团的相干辐射，当辐射波长短于束团间隔（即属于高次谐波相干辐射）时，时间相干系数和空间相干系数的共同作用可以使基频辐射能谱离散化，进而产生干涉环。图 6.9 展示了基频、10 次谐波、20 次谐波和 74 次谐波辐射的光斑和基频能谱。如绝大多数 FEL 中的情形，当束团间隔恰好为辐射波长（即在基频辐射）时，由于在束团间隔的空间频率（或调制波频率）到辐射基频之间不存在调制波的谐波，因而基频附近不会出现频率离散，辐射光斑上也不会出现干涉环；但当波荡器的基频为束团间隔空间频率的谐波时（用 H 表示），则在辐射频谱中会出现调制波的 $1, 2, \cdots, H$ 次谐波，每个谐波均对应一个干涉环。

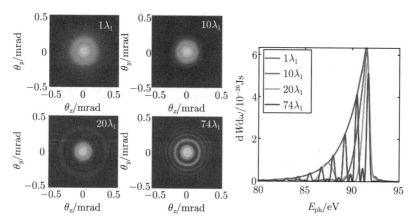

图 6.9　不同谐波辐射时的光斑和能谱（前附彩图）

注：每个例子均采用三个微束团，且每个微束团电子数 $N_e = 2 \times 10^4$，束长 $\sigma_z = 3$ nm，能散 $\sigma_\delta = 2 \times 10^{-4}$，束团横向发射度 $\epsilon = 10$ pm，波荡器中心位置横向 Twiss $\beta = 10$ m。

干涉环是束团纵向分布的空间频率对辐射红移频率选择的结果，也是调制波的谐波与辐射红移频率匹配的结果。随着束团横向尺寸和散角的增加，低于波荡器基频的低频部分受到的压制作用越强，干涉环数量也就越少，因而这一现象也许可用于超低束团横向发射度的诊断。

6.3　微束团超辐射功率

得益于优良的时间相干性，超高的相干辐射功率是超辐射与非相干同步辐射的主要区别之一。在从能谱角度分析了超辐射的横纵相干性之后，本节将对超辐射的功率做详细的分析。

6.3.1　从单电子辐射功率到微束团辐射功率

作为最粗略的估计，微束团的辐射功率可以从单电子的辐射功率逐步推导得到。参照文献 [170] 的思路，单电子在波荡器内运动时，每个波荡器周期的平均辐射功率为[162]

$$P_s = \frac{1}{3} m_e r_e c^3 \gamma^2 K^2 k_u^2$$

该辐射功率以电子运动时间为参考，由于辐射传播方向与电子运动同向，在观察屏上的辐射脉宽将被压缩至一个辐射波长内，即观察屏上的辐射功率为此功率的 $\frac{\lambda_u}{\lambda}$ 倍。与此同时，该辐射功率包含了所有谐波的贡献，但在波荡器强度 K 较小时，我们关注的基频能量占比最高[94]，约 $\left(\frac{2J}{2+K^2}\right)^2$。此外，即便仅考虑基频部分，由于存在红移（见图 6.4（b）），并非所有频率成分均能被利用。我们所关注的仅为波荡器共振宽度 $\frac{1}{N_u}$ 内的部分。假定基频上各红移成分包含能量近似相等，那么对于单电子，观察屏上关注部分的辐射功率可表述为

$$P_{s,in} = \frac{1}{3} m_e r_e c^3 \gamma^2 K^2 k_u^2 \frac{\lambda_u}{\lambda_1} \left(\frac{2J}{2+K^2}\right)^2 \frac{1}{N_u}$$

下面考虑相干辐射。用 N_e 表示每个微束团内的电子数目，λ_m 表示微束团之间的间隔，如果波荡器周期数 N_u 恰好是辐射谐波数 $\frac{\lambda_m}{\lambda_1}$ 的整数倍，那么相互作用的微束团数目即为 $\frac{N_u \lambda_1}{\lambda_m}$。由此，关注的相干辐射功率为

$$P_b = \left(N_e \frac{N_u \lambda_1}{\lambda_m}\right)^2 P_{s,in}$$

这里假定了所有电子的辐射全相干，但由于束团存在尺寸，因而 6.2 节中引入的空间和时间相干系数的贡献也应考虑在内。最终，在观察屏上我们感兴趣的微束团相干辐射功率可粗略估计为

$$P = 2\pi^2 r_e m_e c^3 \frac{K^2}{2+K^2} J^2 \frac{N_u N_e^2}{H^2 \lambda_1^2} \cdot F_T(k_1) \cdot F_L(k_1) \tag{6-15}$$

作为快速估计，可忽略束流散角的作用，并考虑横向尺寸较小的情况。将横向尺寸和能散的影响分开表述，(6-15) 式即可退化成 5.3.2 节内使用的功率估算公式。

6.3.2　从相干能谱到微束团辐射功率

在 6.2.3 节中已经推导出微束团的相干辐射能谱，因而更准确的微束团相干辐射功率也可以从相干辐射能谱中获得。

对基频，波荡器的共振频率带宽为 $\dfrac{\Delta\omega}{\omega_1} = \dfrac{1}{N_u}$。波荡器长度较长时，尽管此频宽很窄，却包含相干辐射的绝大部分能量。利用 6.2.3 节中的能谱，这部分能量为

$$W = \frac{e^2}{32\pi^3\varepsilon_0 c} \int\limits_{\omega_d}^{\omega_u}\int\limits_0^{2\pi} \left[I_{cx}^2(1,\theta_1) + I_{cy}^2(1,\theta_1)\right]\mathrm{d}\phi \int\limits_0^\infty \left|\sum_{j=1}^{N_e} f(1,\epsilon_j)\right|^2 \mathrm{d}\theta^2\mathrm{d}\omega$$

其中频率积分的上下限 $\omega_u = ck_1 + \dfrac{\Delta\omega}{2}$，$\omega_d = ck_1 - \dfrac{\Delta\omega}{2}$。由于纵向的辐射强度系数 I_{cz} 仅为 I_{cx} 和 I_{cy} 的 $\dfrac{1}{\gamma}$，式中已忽略纵向辐射部分。另外，考虑到当 $N_u \gg 1$ 时积分的频宽很窄，在此范围内 I_{cx} 和 I_{cy} 对频率的变化不敏感，因而可用共振频率替代（即取 $\theta_1 = 0$），如此

$$I_{cx} = \frac{k_1 KJ}{2\gamma k_u}, \quad I_{cy} = 0$$

换言之，在共振频率带宽内，对辐射功率起主要贡献的基本只有 σ 模。然而根据 6.2 节的分析，相干因子对频率的变化比较敏感，更确切地说是对空间相干系数中的 H_d 依赖较强，因而可进一步用共振频率替代除 H_d 外的其他辐射频率的波数，结合 (6-13) 式和 (6-14) 式，忽略非相干辐射的贡献，在单束团内的电子数较大时，波荡器的共振频率带宽内的基频辐射能量可表示为

$$W = r_e m_e c^2 \left(\frac{k_1 KJ}{2\gamma k_u}\right)^2 \frac{N_e^2}{\lambda_u} F_L(k_1)\cdot$$

$$\iint\limits_{-0.5}^{0.5} \left[g_i(x,y) + g_i(x,-y)\right] \mathrm{e}^{-2S_d^2(x^2+y^2)}\mathrm{d}x\mathrm{d}y$$

其中函数 $g_i(x,y)$ 为 $g(x,y)$ 关于 H_d 在 $[-0.5\pi, 0.5\pi]$ 之间的积分，即

$$g_i(x,y) = \frac{[2S + S_p(x^2+y^2)]\sin[\pi(x+y)]}{(x+y)\left\{(x+y)^2 + [2S + S_p(x^2+y^2)]^2\right\}}$$

同样，这部分能量在垂直于波荡器轴线的观察屏上持续时间为 $\dfrac{N_{\mathrm{u}}\lambda_1}{c}$，由此可得波荡器共振频率带宽内的相干辐射功率为

$$P = r_{\mathrm{e}} m_{\mathrm{e}} c^3 \frac{K^2 J^2}{2 + K^2} \frac{N_{\mathrm{e}}^2}{N_{\mathrm{u}} \lambda_1^2} F_{\mathrm{L}}(k_1) \iint\limits_{-0.5}^{0.5} \left[g_i(x, y) + g_i(x, -y) \right] \mathrm{e}^{-2 S_d^2 (x^2 + y^2)} \mathrm{d}x \mathrm{d}y$$

$$(6\text{-}16)$$

图 6.10 给出了 (6-15) 式和 (6-16) 式两种辐射功率计算结果在不同横向发射度情况下与模拟结果的对比，波荡器中心处的横向 Twiss β 固定为 10 m。从能谱出发的辐射功率可以很好地描述第一性原理模拟给出的结果，但 (6-15) 式由于将所有红移成分的强度假定成相同，会高估共振宽度内的功率。但随着发射度的减小，束流辐射横向相干性变好，两种方式给出的辐射功率差别变小，最终在横向尺寸为零的理想状态给出完全一样的结果。

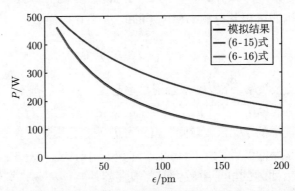

图 6.10   两种辐射功率计算结果与模拟结果的对比（前附彩图）

注：单个微束团的超辐射，束长和能散固定在 3 nm、2×10^{-4}。

6.4   清华大学 SSMB-EUV 光源辐射特性

SSMB 中，得益于具有更短波长 LM 的使用和低纵向发射度的设计，环内稳态的束团长度可达到数十纳米范围。再结合 PEHG、ADM、纵向强聚焦或者发射度交换等方式，可进一步在环内局部实现数纳米的微束团，进而以此产生 EUV 辐射。一般而言，LM 的波长在远红外到紫外波

段，远大于 EUV 波长，因而 SSMB-EUV 辐射属于谐波辐射，辐射波荡
器完全共振在微束团间隔空间频率的谐波上，且谐波数非常高。如在清
华大学 SSMB-EUV 光源纵向强聚焦方案中，调制波长为 1064 nm，而辐
射波长约 13.5 nm，谐波次数达到 79；在可逆的 ADM 方案中，调制波
长采用更短的 266 nm，辐射谐波数也达 20。

　　纳米长度的束团在波荡器中运动发出相干 EUV 辐射时，由于束团长
度小于辐射波长，束团的辐射属于超辐射或受激超辐射，如图 6.11 所示。
波荡器共振波长为束团间隔的 H 次谐波时，每个微束团在进入波荡器后
的前 H 个波荡器周期，由于没有外加的 EUV 辐射影响，其辐射为超辐
射，也是辐射波长长于束团长度的自发辐射。在微束团进入第 $H+1$ 个
波荡器周期后，被后方微束团的辐射场追上并受其调制，此后它的辐射
与赶上来的辐射场频率保持一致，两者相干叠加，辐射功率快速增长。被
后方束团的辐射场追上后，微束团随即进入受激超辐射的模式。该过程
与 FEL 饱和后类似，但主要存在两个区别：其一是由于储存环的稳定性，
微束团之间非常干净，不存在本底；其二是该辐射过程工作在高次谐波
模式，考虑到束团辐射后在环内的稳定性，辐射波荡器被设计得较短，可
相互作用的束团数目一般仅数个，微束团发光后不会丢失过多能量。

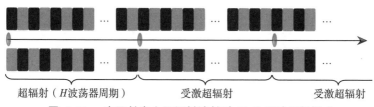

超辐射（H波荡器周期）　　　受激超辐射　　　　　受激超辐射

图 6.11　束团长度小于辐射波长时 H 次谐波辐射模式

　　谐波辐射模式下，受激辐射导致的功率跳变也非常明显，图 6.12 展
示了第一性原理模拟软件 EBRC 给出的观察屏上辐射功率随时间的演
变。在 $0\,\mathrm{nm} < ct < 1064\,\mathrm{nm}$ 时，辐射功率仅由超辐射贡献，由于微束团
间隔为 1064 nm，束团运动到第 79 个波荡器周期时，由于后侧束团辐射
场作用，受激超辐射发生，辐射功率发生跳变。如果波荡器较长，在接下
来辐射功率每隔一个束团间隔对应的时间将跳变一次，辐射功率将发生
阶梯式增长，稳态的辐射功率将维持在最后一次跳变后的水平上。然而由
于束团横向尺寸和散角的影响，每次跳变后的辐射功率并不能维持不变。

后侧束团发出的辐射场随着传播距离增加而逐渐衰减，加上束团尺寸不断增加，跳变后的功率在传播过程中呈衰减趋势。谐波次数越高，赶上前一个束团所需的传播距离越长，衰减越严重。因而在高次谐波辐射过程中，束流匹配显得格外重要。此外，探测到的功率还随观察屏尺寸的增加而增加，但在观察屏尺寸相对原点的张角达到 1 mrad 后基本饱和。每个微束团内电子数为 400 时，全空间峰值功率可达 5 W 以上。在轴线附近，即 0.1 mrad 内的峰值功率接近 1 W。根据 N_e^2 的关系外推，在环内平均流强达到 1 A 时，轴线附近功率约 2.5 kW。

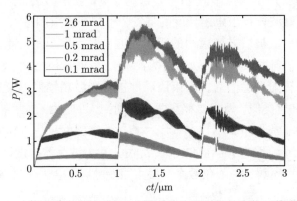

图 6.12　　观察屏上不同观察角内辐射功率随时间的变化（前附彩图）

注：波荡器周期数 $N_u = 160$，$K = 0.8$，谐波数为 79，每个微束团电子数 $N_e = 400$，束长 $\sigma_z = 3$ nm，能散 $\sigma_\delta = 1 \times 10^{-3}$，等效平均流强约 18 mA，束团横向发射度 $\epsilon = 50$ pm，波荡器中心位置横向 Twiss $\beta = 1$ m。

　　SSMB 纵向强聚焦下，环内平均流强为 1 A 时，单微束团内包含约 20000 个电子。从第一性原理直接计算真实情况下的辐射功率异常费时，但如前文所述，可以从能谱角度出发给出比较准确的辐射功率。基于 (6-3) 式和 (6-12) 式，根据 NSGA-II 优化给出的全环参数和辐射波荡器处的束流状态（即表 5.3），数值方法得到的辐射能谱如图 6.13 中红色实线所示。遗传算法在优化功率的同时，将束团横向发射度也进行了优化。较好的横向发射度使得波长长于 13.5 nm 的辐射没有得到很好地抑制，频谱上出现了除 13.5 nm 对应的 79 次谐波外的 75 ~ 78 次谐波，辐射光斑（图 6.13 中左上角子图）中也出现干涉环。这部分超出了 13.5 nm ±1%（即图 6.13 中绿色背景区域）的范围，会造成束流能量的损失，其于全谱中的能量占比达到 59.13%。为了减小束流能量在 13.5 nm ±1% 以外的不必要损失，可适当增加束团的横向发射度，进一步抑制低频谐波的辐射。总体而言，即便包含了较多的低频谐波，当前参数下的 SSMB 纵向强聚焦 EUV 光单能性相比基于 CO_2 激光和 ND:YAD 激光的激光等离子体（LPP）方案[171-172] 仍具有显著的优势。表 6.1 给出了具体的辐射参数，其中从辐射能谱中可以得到 2% 带宽内平均辐射功率值为 3.292 kW，与理论结果基本一致，这样的功率得益于超短的微束团和较大的单束团辐射时间相干系数。

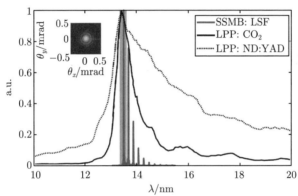

图 6.13　SSMB 纵向强聚焦下的 EUV 辐射能谱与两种 LPP 方案的对比

（前附彩图）

注：束流参数见表 5.3。

表 6.1　SSMB 纵向强聚焦 EUV 辐射参数

参数	值	单位	参数说明
λ_1	13.5	nm	中心辐射波长
P	3292	W	2% 带宽内的辐射功率
P_t	8055	W	束流辐射损失功率
r	小于 1%	—	辐射占空比
$F_T(k_1)$	0.13	—	单束团辐射空间相干系数
$F_L(k_1)$	0.45	—	单束团辐射时间相干系数

6.5 小   结

本章从理论上分析了非标准单电子在波荡器内的辐射，详细讨论了其频域和时域特性，并以此为基础进一步推导了可适用于任意六维相空间分布的电子束波荡器辐射能谱表达式。随后利用此式详细分析了纳米级长度的微束团在波荡器中的 EUV 超辐射特点，给出了包含束流横向尺寸、散角、纵向长度和能散的横、纵向（空间、时间）相干系数，最终的微束团辐射功率正比于两个系数的乘积。最后，本章阐述了 SSMB-EUV 辐射的高谐波数、属于超辐射和受激超辐射范畴、高横纵相干性以及高功率等特性；并针对第 5 章 NSGA-Ⅱ 优化得到的全环参数具体分析了纵向强聚焦模式下的 EUV 辐射功率和能谱，相比基于 LPP 方案的 EUV 光源，SSMB-EUV 具有更好的单色性和更高的功率。

第 7 章　总结和展望

7.1　总　　结

本书从储存环物理出发，针对 SSMB 的纵向强聚焦模式，主要讨论了 SSMB 关键元件（LM）的能量调制、储存环稳态纵向发射度的优化等问题，并以此为基础对双 RF 和双 LM 纵向强聚焦情形下的全环纵向动力学进行了深入分析，设计了基于双 LM 纵向强聚焦的 SSMB 储存环，可在强聚焦段内实现小于 3 nm 的稳态微束团，进而产生千瓦级大功率相干 EUV 辐射。

书中首先对电子在 SSMB 方案的核心元件（LM）中的纵向运动做了详细讨论，分析了几种典型激光作用下 LM 的能量调制波形和传输矩阵，如理想的平面波、CW 高斯激光和脉冲高斯激光。相比于传统 RF 的能量调制过程，LM 的能量调制源于电子在波荡器内的横向振荡，这样的振荡使得 LM 比 RF 有更大的纵向漂移长度（r_{56}），进而导致在较强激光或较长波荡器作用下，LM 的能量调制波形发生扭曲，相邻过零点处的能量啁啾不再单纯互为相反数，而存在较大的差别。

LM 与 RF 的区别除了在能量调制上，还体现在 LM 对储存环纵向发射度存在贡献；又考虑到 SSMB 对极小稳态纵向发射度的需求，尤其是本书所讨论的 SSMB 纵向强聚焦方案。书中将横向和纵向的 Twiss 函数相结合，给出了储存环六维传输矩阵在三维 Twiss 函数体系下的表达式，并基于此对纵向发射度进行了分析，进而提出一套储存环稳态纵向发射度优化方法。该方法不仅可以用于分析单个元件对纵向发射度的贡献，也可用于束线。研究后发现，任意元件或束线均存在只依赖于其本身参数的纵向 IT，当且仅当实际工作的纵向 Twiss 与其 IT 匹配后，它对纵向发射度的贡献才可被最小化。基于这样的思想，可以设计或者改变储存环磁聚焦结构参数，将稳态发射度推至磁聚焦结构的最小值。

以 LM 和稳态纵向发射度优化的研究为基础，书中进一步分析了当环内存在两个 RF 或两个 LM，且在纵向强聚焦模式（纵向同步振荡频数 ν_z 不再远小于 1）下的全环动力学，包括纵向稳定区间、环内束长与强聚焦段内束长比值、稳态纵向发射度和纵向动力学孔径等。最终给出了双 RF 和双 LM 纵向强聚焦模式下，环内和强聚焦段内的束团长度与能散的理论结果，为接下来清华大学 SSMB-EUV 光源纵向强聚焦储存环的设计提供了理论指导。

为了完成清华大学 SSMB-EUV 光源纵向强聚焦储存环的设计和优化工作，本书结合开源的遗传算法代码 NSGA-Ⅱ 开发了一套专用的优化程序。利用此程序，对主单元数目、主单元排布、波荡器参数、LM 参数及设置等诸多变量进行考虑和设计，最终确定了清华大学 SSMB-EUV 光源纵向强聚焦储存环采用具有 11 BA、4 个超周期，外加双 LM 和单 DW 的主体结构，并对此进行了优化。优化结果显示，在平均流强为 1 A 时，全环托歇克寿命可以达到约 2000 s，强聚焦段内的束团长度可以短至约 2.1 nm，相应的 EUV 辐射功率可达 3 kW。

此外，本书还详细分析了纳米级长度的微束团在波荡器中辐射的时域和频域特性，给出了任意六维相空间分布的单（或多）束团在波荡器中的辐射能谱公式和计算方法，并从微束团相干辐射能谱出发给出了辐射功率的表达式。通过分析纳米级微束团在波荡器中的 EUV 超辐射，发现束团的横向尺寸对低于波荡器共振频率的低频辐射存在抑制作用；而周期性纵向分布的束团则相当于在单束团辐射频谱中做了频率的挑选，最终的 EUV 辐射相比当前基于 LPP 的方案具有更好的单色性和更高的功率。

7.2 展　　望

在理论和方法拓展方面：

1. 本书提出了一套优化电子储存环稳态纵向发射度的方法，具有普适性。但该方法还可以做更进一步推广，即多数情况下从降低全环周长的角度考虑，我们更关注平均单位长度内发射度的大小。将该方法应用在降低单位长度发射度的方向，极有可能产生新的磁聚焦结构或磁铁构型，如用此方法优化具有纵向梯度的弯铁磁场结构等。

2. 本书着重讨论了双 RF 和双 LM 纵向强聚焦的情形，参考储存环横向多次聚散焦的模式，如果可以解决时间同步问题，则可以在纵向上采用多次聚散焦，甚至采用全环纵向强聚焦方案对束团的纵向进行操控，其中的束流物理也很值得研究。

在清华大学 SSMB-EUV 光源纵向强聚焦储存环方面：

1. 弱聚焦情况下，相邻稳定区可以"首尾连接"。但在纵向强聚焦情形下，尽管目前已经通过优化获得了比较大的纵向动力学孔径，但相邻动力学孔径之间有比较大的间隙，初始状态在这些间隙中的电子是不稳定的，这就给束流注入带来了较大的压力。需要进一步对注入方案进行考虑。

2. 双 LM 纵向强聚焦方案中，为实现长度小于 3 nm 的微束团和获得足够大的纵向动力学孔径，所需的激光最小峰值功率约 300 MW。即使采用光学增益腔，由于腔镜的热效应，具有这样峰值功率的激光也只能以脉冲形式存在，因而最终产生的 EUV 光占空比在 1% 以内。尽管脉冲内 EUV 光的平均功率达到数千瓦，考虑占空比之后的平均功率仅在数十瓦以内，限制了其应用和发展。为获得更高平均功率的 EUV 光，除提高光学增益腔内储存的激光功率之外，采用对激光功率要求更低的束团压缩机制（如 ADM、PEHG 或横纵发射度交换等）也是可行的研究方向。

3. 当前的研究结果基于单粒子动力学，环内的稳态束流长度仅在数十纳米，其相干辐射波段已经接近紫外波段，由此带来的 CSR 效应和量子激发过程等问题需要进一步研究。而 IBS 等集体效应则会使得束团的三维发射度增加，由此引起的束团纵向长度增长、横向尺寸变大、稳态情形下单微束团内电子数量减少等问题均会使得辐射功率下降，具体降至何种程度也需要更进一步的研究。

4. 鉴于光腔平均功率的压力，可以考虑缩短光学增益腔中脉冲的长度，让全环工作在单束团模式。同时利用单周期的辐射波荡器，可在纵向强聚焦下实现阿秒级高亮度 EUV 相干辐射脉冲，这样的光源在超快物理学中具有重要应用价值。

参 考 文 献

[1] RATNER D F, CHAO A W. Steady-state microbunching in a storage ring for generating coherent radiation[J]. Physical Review Letters, 2010, 105(15): 154801.

[2] SHAM T, RIVERS M L. A brief overview of synchrotron radiation[J]. Reviews in mineralogy and geochemistry, 2002, 49(1): 117-147.

[3] KIM K J. Brightness, coherence and propagation characteristics of synchrotron radiation[J]. Nuclear Instruments and Methods in Physics Research Section A: Accelerators, Spectrometers, Detectors and Associated Equipment, 1986, 246(1-3): 71-76.

[4] CLARKE J A. The science and technology of undulators and wigglers: Volume 4[M]. New York, USA: Oxford University Press, 2004.

[5] HUANG Z. Brightness and coherence of synchrotron radiation and FELs[R]. Menlo Park: SLAC National Accelerator Lab., 2013.

[6] JAESCHKE E J, KHAN S, SCHNEIDER J R, et al. Synchrotron light sources and free-electron lasers: Accelerator physics, instrumentation and science applications[M]. Cham, Switzerland: Springer, 2016.

[7] WIEDEMANN H. Particle accelerator physics[M]. Cham, Switzerland: Springer, 2015.

[8] GELONI G, KOCHARYAN V, SALDIN E. Brightness of synchrotron radiation from undulators and bending magnets[J]. Journal of synchrotron radiation, 2015, 22(2): 288-316.

[9] TENG L C. Minimizing the emittance in designing the lattice of an electron storage ring[J]. Fermilab Report No. TM-1269, 1984.

[10] SUN C, ROBIN D, NISHIMURA H, et al. Small-emittance and low-beta lattice designs and optimizations[J]. Physical Review Special Topics—Accelerators and Beams, 2012, 15(5): 054001.

[11] WALKER R P. Undulator radiation brightness and coherence near the diffraction limit[J]. Physical Review Accelerators and Beams, 2019, 22(5):

050704.

[12] ABO-BAKR M, FEIKES J, HOLLDACK K, et al. Brilliant, coherent far-infrared (THz) synchrotron radiation[J]. Physical Review Letters, 2003, 90(9): 094801.

[13] NAM I, MIN C K, OH B, et al. High-brightness self-seeded X-ray free-electron laser covering the 3.5 keV to 14.6 keV range[J]. Nature Photonics, 2021, 15(6): 435-441.

[14] SCHROER C G, AGAPOV I, BREFELD W, et al. PETRA IV: The ultralow-emittance source project at DESY[J]. Journal of synchrotron radiation, 2018, 25(5): 1277-1290.

[15] MADEY J M. Stimulated emission of bremsstrahlung in a periodic magnetic field[J]. Journal of Applied Physics, 1971, 42(5): 1906-1913.

[16] SCHMÜSER P, DOHLUS M, ROSSBACH J, et al. Free-electron lasers in the ultraviolet and X-ray regime[J]. Springer Tracts in Modern Physics, 2014, 258.

[17] 王晓凡. 储存环光源和自由电子激光的辐射新机制研究 [D]. 上海: 中国科学院上海应用物理研究所, 2020.

[18] KONDRATENKO A, SALDIN E. Generation of coherent radiation by a relativistic electron beam in an ondulator[J]. Part. Accel, 1980, 10: 207-216.

[19] BONIFACIO R, PELLEGRINI C, NARDUCCI L. Collective instabilities and high-gain regime free electron laser[J]. Optics Communications, 1984, 50(6): 373-378.

[20] ANDRUSZKOW J, AUNE B, AYVAZYAN V, et al. First observation of self-amplified spontaneous emission in a free-electron laser at 109 nm wave-length[J]. Physical Review Letters, 2000, 85(18): 3825.

[21] AMANN J, BERG W, BLANK V, et al. Demonstration of self-seeding in a hard-X-ray free-electron laser[J]. Nature photonics, 2012, 6(10): 693-698.

[22] YU L H. Generation of intense uv radiation by subharmonically seeded single-pass free-electron lasers[J]. Physical Review A, 1991, 44(8): 5178.

[23] YU L H, BABZIEN M, BEN-ZVI I, et al. High-gain harmonic-generation free-electron laser[J]. Science, 2000, 289(5481): 932-934.

[24] STUPAKOV G. Using the beam-echo effect for generation of short-wavelength radiation[J]. Physical Review Letters, 2009, 102(7): 074801.

[25] RIBIČ P R, ABRAMI A, BADANO L, et al. Coherent soft X-ray pulses from an echo-enabled harmonic generation free-electron laser[J]. Nature Photonics, 2019, 13(8): 555-561.

[26] DENG H, FENG C. Using off-resonance laser modulation for beam-energy-spread cooling in generation of short-wavelength radiation[J]. Physical Re-

view Letters, 2013, 111(8): 084801.

[27] FENG C, DENG H, WANG D, et al. Phase-merging enhanced harmonic generation free-electron laser[J]. New Journal of Physics, 2014, 16(4): 043021.

[28] FENG C, ZHAO Z. A storage ring based free-electron laser for generating ultrashort coherent EUV and X-ray radiation[J]. Scientific reports, 2017, 7(1): 1-7.

[29] WANG X, FENG C, LIU T, et al. Angular dispersion enhanced prebunch for seeding ultrashort and coherent EUV and soft X-ray free-electron laser in storage rings[J]. Journal of synchrotron radiation, 2019, 26(3): 677-684.

[30] LI C, FENG C, JIANG B. Extremely bright coherent synchrotron radiation production in a diffraction-limited storage ring using an angular dispersion-induced microbunching scheme[J]. Physical Review Accelerators and Beams, 2020, 23(11): 110701.

[31] ZHANG Y, DENG X, PAN Z, et al. A general optimization method for high harmonic generation beamline[C]//39th Free Electron Laser Conference (FEL'19). Geneva, Switzerland : JACOW Publishing, 2019: 638-642.

[32] AKEMOTO M, ARAKAWA D, ASAOKA S, et al. Construction and commissioning of the compact energy-recovery linac at KEK[J]. Nuclear Instruments and Methods in Physics Research Section A: Accelerators, Spectrometers, Detectors and Associated Equipment, 2018, 877: 197-219.

[33] HOFFSTAETTER G, TRBOJEVIC D, MAYES C, et al. CBETA design report, Cornell-BNL ERL test accelerator[J]. arXiv preprint arXiv:1706.04245, 2017.

[34] GULLIFORD C, BANERJEE N, BARTNIK A, et al. Measurement of the per cavity energy recovery efficiency in the single turn Cornell-Brookhaven ERL test accelerator configuration[J]. Physical Review Accelerators and Beams, 2021, 24(1): 010101.

[35] HUANG Z, BANE K, CAI Y, et al. Steady-state analysis of short-wavelength, high-gain FELs in a large storage ring[J]. Nuclear Instruments and Methods in Physics Research Section A: Accelerators, Spectrometers, Detectors and Associated Equipment, 2008, 593(1-2): 120-124.

[36] RATNER D, CHAO A. Reversible seeding in storage rings[C]// Proc. of the 33th International Free-electron Laser Conference.[S.l.: s.n.], 2011.

[37] LI C, CHAO A, FENG C, et al. Lattice design for the reversible SSMB[R]. Menlo Park: SLAC National Accelerator Lab., 2019.

[38] HWANG J G, SCHIWIETZ G, ABO-BAKR M, et al. Generation of intense and coherent sub-femtosecond X-ray pulses in electron storage rings[J]. Sci-

entific reports, 2020, 10(1): 10093.

[39] ELDER F, GUREWITSCH A, LANGMUIR R, et al. Radiation from electrons in a synchrotron[J]. Physical Review, 1947, 71(11): 829.

[40] ROBINSON A L. History of synchrotron radiation[J]. Synchrotron Radiation News, 2015, 28(4): 4-9.

[41] MARGARITONDO G. Who were the founders of synchrotron radiation? Historical facts and misconceptions[J]. Journal of Vacuum Science & Technology A, 2022, 40(3).

[42] COURANT E D, LIVINGSTON M S, SNYDER H S. The strong-focusing synchroton—a new high energy accelerator[J]. Physical Review, 1952, 88(5): 1190.

[43] TIGNER M, CASSEL D. The legacy of Cornell accelerators[J]. Annual Review of Nuclear and Particle Science, 2015, 65: 1-23.

[44] O'NEILL G K. Storage-ring synchrotron: Device for high-energy physics research[J]. Physical Review, 1956, 102(5): 1418.

[45] TSUMAKI K. Feasibility study of short-wavelength and high-gain FELs in an ultimate storage ring[J]. Proceeding of FEL2010, 2010.

[46] MIYAHARA T, KITAMURA H, KATAYAMA T, et al. Sor-ring: An electron storage ring dedicated to spectroscopy, 1[R]. Tokyo: Tokyo Univ., 1976.

[47] HALBACH K, CHIN J, HOYER E, et al. A permanent magnet undulator for SPEAR[J]. IEEE Transactions on Nuclear Science, 1981, 28(3): 3136-3138.

[48] BERNDT M, BRUNK W, CRONIN R, et al. Initial operation of SSRL wiggler in SPEAR[J]. IEEE Transactions on Nuclear Science, 1979, 26(3): 3812-3815.

[49] WINICK H, SPENCER J E. Wiggler magnets at SSRL-present experience and future plans[J]. Nuclear Instruments and Methods, 1980, 172(1-2): 45-53.

[50] WOLSKI A. Storage ring design[J]. Joint US-CERN-Japan-Russia School on Particle Accelerators, 2011.

[51] CHASMAN R, GREEN G K, ROWE E. Preliminary design of a dedicated synchrotron radiation facility[J]. IEEE Transactions on Nuclear Science, 1975, 22(3): 1765-1767.

[52] JACKSON A. A comparison of the Chasman-Green and triple bend achromat lattices[R]. Berkeley: Lawrence Berkeley National Lab.(LBNL), 1986.

[53] CHUBAR O. Introduction to synchrotron radiation workshop[C]// Synchrotron Optics Simulations: 3-Codes Tutorial. France: ESRF, 2013.

[54] GÜNAYDIN S, OZKENDIR O M. Synchrotron facilities for advanced scientific oriented research[J]. Advanced Journal of Science and Engineering,

2020.

[55] Light Sources of the world[EB/OL]. [2022-03-21]. https://lightsources.org/lightsources-of-the-world/.

[56] TAVARES P F, AL-DMOUR E, ANDERSSON Å, et al. Commissioning and first-year operational results of the MAX IV 3 GeV ring[J]. Journal of synchrotron radiation, 2018, 25(5): 1291-1316.

[57] LIU L, WESTFAHL JR H. Towards diffraction limited storage ring based light sources[C]// 8th Int. Particle Accelerator Conf.(IPAC'17). Copenhagen, Denmark: [s.n.], 2017.

[58] SHIN S. New era of synchrotron radiation: Fourth-generation storage ring[J]. AAPPS Bulletin, 2021, 31(1): 21.

[59] EINFELD D, SCHAPER J, PLESKO M. Design of a diffraction limited light source (DIFL)[C]//Proceedings Particle Accelerator Conference. [S. l.]: IEEE, 1995, 1: 177-179.

[60] EINFELD D, PLESKO M. A modified QBA optics for low emittance storage rings[J]. Nuclear Instruments and Methods in Physics Research Section A: Accelerators, Spectrometers, Detectors and Associated Equipment, 1993, 335(3): 402-416.

[61] EINFELD D, PLESKO M, SCHAPER J. First multi-bend achromat lattice consideration[J]. Journal of Synchrotron Radiation, 2014, 21(5): 856-861.

[62] BARTOLINI R. Overview of ongoing fourth-generation light source projects worldwide[Z]. 2021.

[63] LIU L, MILAS N, MUKAI A, et al. Proceedings of the 4th international particle accelerator conference, ipac-2013[M]. Shanghai: [s. n.], 2013.

[64] RAIMONDI P. ESRF-EBS: The extremely brilliant source project[J]. Synchrotron Radiation News, 2016, 29(6): 8-15.

[65] SANDS M. The physics of electron storage rings: An introduction[R]. SLAC Technical Report No. SLAC-121. Menlo Park: [s. n.], 1970.

[66] WANG F, CHEEVER D, FARKHONDEH M, et al. Coherent THz synchrotron radiation from a storage ring with high-frequency RF system[J]. Physical Review Letters, 2006, 96(6): 064801.

[67] FEIKES J, VON HARTROTT M, RIES M, et al. Metrology light source: The first electron storage ring optimized for generating coherent THz radiation[J]. Physical Review Special Topics—Accelerators and Beams, 2011, 14(3): 030705.

[68] SHOJI Y, TANAKA H, TAKAO M, et al. Longitudinal radiation excitation in an electron storage ring[J]. Physical Review E, 1996, 54(5): R4556-R4559.

[69] DENG X J, CHAO A W, FEIKES J, et al. Single-particle dynamics of

microbunching[J]. Physical Review Accelerators and Beams, 2020, 23(4): 044002.

[70]　CHAO A W. Evaluation of beam distribution parameters in an electron storage ring[J]. J. Appl. Phys., 1979, 50(2): 595-598.

[71]　CHAO A W. Slim—a formalism for linear coupled systems[J]. Chinese Phys. C, 2009, 33(S2): 115-120.

[72]　ZHANG Y, DENG X J, PAN Z L, et al. Ultralow longitudinal emittance storage rings[J]. Physical Review Accelerators and Beams, 2021, 24(9): 090701.

[73]　DENG X, CHAO A, HUANG W, et al. Courant-Snyder formalism of longitudinal dynamics[J]. Physical Review Accelerators and Beams, 2021, 24(9): 094001.

[74]　LITVINENKO V N. On a possibility to suppress microwave instability in storage rings using strong longitudinal focusing[C]// AIP Conference Proceedings: volume 395. [S. l.]: American Institute of Physics, 1997: 275-283.

[75]　GALLO A, RAIMONDI P, ZOBOV M. Strong RF focusing for luminosity increase: Short bunches at the IP[J]. arXiv preprint physics/0404020, 2004.

[76]　BISCARI C. Bunch length modulation in highly dispersive storage rings[J]. Physical Review Special Topics—Accelerators and Beams, 2005, 8(9): 091001.

[77]　FALBO L, ALESINI D, MIGLIORATI M. Longitudinal beam dynamics simulation in electron rings in strong RF focusing regime[J]. Physical Review Special Topics—Accelerators and Beams, 2006, 9(9): 094402.

[78]　SHIMADA M, KATOH M, KIMURA S, et al. Intense terahertz synchrotron radiation by laser bunch slicing at UVSOR-II electron storage ring[J]. Japanese Journal of Applied Physics, 2007, 46(12R): 7939.

[79]　CHAO A. A new storage-ring light source[J]. International Journal of Modern Physics A, 2015, 30(22): 1530051.

[80]　JIAO Y, RATNER D F, CHAO A W. Terahertz coherent radiation from steady-state microbunching in storage rings with x-band radio-frequency system[J]. Physical Review Special Topics—Accelerators and Beams, 2011, 14(11): 110702.

[81]　DENG X, CHAO A, FEIKES J, et al. Experimental demonstration of the mechanism of steady-state microbunching[J]. Nature, 2021, 590(7847): 576-579.

[82]　PAN Z, CHAO A, DENG X, et al. A storage ring design for steady-state microbunching to generate coherent EUV light source[R]. Menlo Park: SLAC National Accelerator Lab., 2019.

[83] CHAO A, DENG X, HUANG W, et al. A compact high-power radiation source based on steady-state microbunching mechanism[R]. [S.l.: s.n.], 2018.

[84] TANG C, DENG X, Chao A, et al. An overview of the progress on SSMB[C]// The 60th ICFA Advanced Beam Dynamics Workshop on Future Light Sources. Shanghai: [s. n.], 2018.

[85] MIZOGUCHI H, NAKARAI H, ABE T, et al. Performance of 250W high-power HVM LPP-EUV source[C]// Extreme Ultraviolet (EUV) Lithography VIII. [S.l.]: SPIE, 2017, 10143: 330-337.

[86] MIZOGUCHI H, TOMURO H, NISHIMURA Y, et al. Update of >300W high power LPP-EUV source challenge for semiconductor HVM[J]. SPIE, 2021,11845: 63-80.

[87] MIZOGUCHI H, NAKARAI H, ABE T, et al. Challenge of>300W high power LPP-EUV source with long mirror lifetime-III for semiconductor HVM[C]// Extreme Ultraviolet (EUV) Lithography XII. [S.l.]: SPIE, 2021, 11609: 120-134.

[88] BROWN K L. First-and second-order matrix theory for the design of beam transport systems and charged particle spectrometers[R]. Menlo Park: Stanford Linear Accelerator Center, 1971.

[89] BROWN K L, SERVRANCKX R V. First-and second-order charged particle optics[C]// AIP conference proceedings: Volume 127. [S.l.]: American Institute of Physics, 1985: 62-138.

[90] 刘祖平, 冯光耀. 束流光学: 第 2 版 [M]. 合肥: 中国科学技术大学出版社, 2014.

[91] SCANDALE W, SCHMIDT F, TODESCO E. Compensation of the tune shift in the LHC, using the normal form techniques[J]. Part. Accel., 1990, 35: 53-81.

[92] BAZZANI A, SERVIZI G, TURCHETTI G, et al. A normal form approach to the theory of nonlinear betatronic motion[M]. Geneva, Switzerland: CERN, 1994.

[93] CHIRIKOV B V. A universal instability of many-dimensional oscillator systems[J]. Phys. Rep., 1979, 52(5): 263-379.

[94] CHAO A W. Lectures on accelerator physics[M]. Toh Tuck Link, Singapore: World Scientific, 2020.

[95] ROBINSON K W. Radiation effects in circular electron accelerators[J]. Physical Review, 1958, 111(2): 373.

[96] HELM R H, LEE M J, MORTON P, et al. Evaluation of synchrotron radiation integrals[J]. IEEE Trans. Nucl. Sci, 1973, 20(900): 43.

[97]　CHAO A W. Slim formalism—orbital motion[Z]. 2014: 1-33.

[98]　SEARS C M S, COLBY E R, COWAN B M, et al. High-harmonic inverse-free-electron-laser interaction at 800 nm[J]. Physical Review Letters, 2005, 95(19): 194801.

[99]　DURIS J P, MUSUMECI P, LI R K. Inverse free electron laser accelerator for advanced light sources[J]. Physical Review Special Topics—Accelerators and Beams, 2012, 15(6): 061301.

[100]　BORLAND M. Elegant: A flexible SDDS-compliant code for accelerator simulation[R]. USA: Argonne National Lab., 2000.

[101]　柳兴. 用于汤姆逊散射的高平均功率光学增益腔的研究 [D]. 北京: 清华大学, 2018.

[102]　王焕. 用于汤姆逊散射的光学增益腔的研究 [D]. 北京: 清华大学, 2020.

[103]　PAN Z. Low-alpha storage ring design for steady state microbunching to generate EUV radiation[C]. Proceeding of IPAC2022. [S.l. : s.n.], 2022.

[104]　WIEDEMANN H. An ultra-low emittance mode for PEP using damping wigglers[J]. Nucl. Instr. and Meth. A, 1988, 266(1): 24-31.

[105]　潘志龙. 新型激光驱动储存环物理优化设计研究 [D]. 北京: 清华大学, 2020.

[106]　DEB K, PRATAP A, AGARWAL S, et al. A fast and elitist multiobjective genetic algorithm: NSGA-II[J]. IEEE transactions on evolutionary computation, 2002, 6(2): 182-197.

[107]　TISCHER M, BALEWSKI K, DECKING W, et al. Damping wigglers for the PETRA III light source[C]// Proceedings of the 2005 Particle Accelerator Conference. [S.l.]: IEEE, 2005: 2446-2448.

[108]　SCHMIDT T, INGOLD G, IMHOF A, et al. Insertion devices at the swiss light source (phase I)[J]. Nuclear Instruments and Methods in Physics Research Section A: Accelerators, Spectrometers, Detectors and Associated Equipment, 2001, 467: 126-129.

[109]　HARA T, TANAKA T, TANABE T, et al. In-vacuum undulators of SPring-8[J]. Journal of synchrotron radiation, 1998, 5(3): 403-405.

[110]　KITAMURA H. Present status of SPring-8 insertion devices[J]. Journal of synchrotron radiation, 1998, 5(3): 184-188.

[111]　KITAMURA H, BIZEN T, HARA T, et al. Recent developments of insertion devices at SPring-8[J]. Nuclear Instruments and Methods in Physics Research Section A: Accelerators, Spectrometers, Detectors and Associated Equipment, 2001, 467: 110-113.

[112]　MARÉCHAL X M, BIZEN T, HARA T, et al. In-vacuum wiggler at SPring-8[J]. Nuclear Instruments and Methods in Physics Research Section A: Accelerators, Spectrometers, Detectors and Associated Equipment, 2001, 467:

138-140.

[113] YAMAMOTO S. Undulator development towards very short period lengths[J]. Synchrotron Radiation News, 2015, 28(3): 19-22.

[114] YAMAMOTO S, TSUCHIYA K, SASAKI H, et al. Development of the short gap undulators at the photon factory, KEK[C]// AIP Conference Proceedings. [S.l.]: American Institute of Physics, 2010, 1234(1): 599-602.

[115] MIYAUCHI H, TAHARA T, ASAOKA S. Beamline front end for in-vacuum short period undulator at the photon factory storage ring[C]// AIP Conference Proceedings. [S.l.]: AIP Publishing LLC, 2016: 020032.

[116] YAMAMOTO S, SHIOYA T, HARA M, et al. Construction of an in-vacuum type undulator for production of undulator X rays in the 5–25 keV region[J]. Review of scientific instruments, 1992, 63(1): 400-403.

[117] TSUCHIYA K, SHIOYA T, YAMAMOTO S. Construction of two new in-vacuum type undulators for the non-equilibrium dynamics project at the PF-AR[C]// AIP Conference Proceedings. [S.l.]: American Institute of Physics, 2007, 879: 380-383.

[118] PIOT P, ANDORF M, FAGERBERG G, et al. Development of short undulators for electron-beam-radiation interaction studies[R]. Batavia: Fermi National Accelerator Lab.(FNAL), 2016.

[119] PAPADICHEV V, RYBALCHENKO G. A 2.7 mm period hybrid pm undulator[J]. Nuclear Instruments and Methods in Physics Research Section A: Accelerators, Spectrometers, Detectors and Associated Equipment, 1998, 407(1-3): 419-422.

[120] TARAWNEH H, THIEL A, EBBENI M. First commissioning results of phase I insertion devices at MAX IV laboratory[C]// AIP Conference Proceedings. [S.l.]: AIP Publishing LLC, 2019: 030023.

[121] PATEL Z, RIAL E, GEORGE A, et al. Insertion devices at diamond light source: A retrospective plus future developments[C]. Proceedings of IPAC2017. Copenhagen, Denmark: [s. n.], 2017.

[122] MARCOUILLE O, MARTEAU F, TRIPATHI S, et al. Production of high energy photons with in vacuum wigglers: From soleil wiggler to MAX IV wiggler[C]// AIP Conference Proceedings. [S.l.]: AIP Publishing LLC, 2019: 030027.

[123] MARCOUILLE O, BECHU N, BERTEAUD P, et al. In vacuum permanent magnet wiggler optimized for the production of hard X rays[J]. Physical Review Special Topics—Accelerators and Beams, 2013, 16(5): 050702.

[124] CAI-TU S, YU-HUI J, DA-SHI L, et al. Design and construction of the first

in-vacuum wiggler[J]. Chinese Physics C, 2004, 28(6): 637-643.

[125] SCHMIDT T, CALVI M, INGOLD G.   Undulators for the PSI light sources[J]. Synchrotron Radiation News, 2015, 28(3): 34-38.

[126] HUANG J C, KITAMURA H, YANG C K, et al. Challenges of in-vacuum and cryogenic permanent magnet undulator technologies[J]. Physical Review Accelerators and Beams, 2017, 20(6): 064801.

[127] BAHRDT J, GLUSKIN E. Cryogenic permanent magnet and superconducting undulators[J]. Nuclear Instruments and Methods in Physics Research Section A: Accelerators, Spectrometers, Detectors and Associated Equipment, 2018, 907: 149-168.

[128] TANAKA T, SEIKE T, KAGAMIHATA A, et al. In situ correction of field errors induced by temperature gradient in cryogenic undulators[J]. Physical Review Special Topics—Accelerators and Beams, 2009, 12(12): 120702.

[129] CHAVANNE J, BENABDERRAHMANE C, LE BEC G, et al. Recent developments in insertion devices at the ESRF: Working toward diffraction-limited storage rings[J]. Synchrotron Radiation News, 2015, 28(3): 15-18.

[130] CHAVANNE J, HAHN M, KERSEVAN R, et al. Construction of a cryogenic permanent magnet undulator at the ESRF[C]. EPAC08. Genoa: [s. n.], 2008: 2243-2245.

[131] BENABDERRAHMANE C, VALLÉAU M, BERTEAUD P, et al. Development of a 2 m $Pr_2Fe_{14}B$ cryogenic permanent magnet undulator at soleil[C]// Journal of Physics: Conference Series. [S.l.]: IOP Publishing, 2013, 425(3): 032019.

[132] BENABDERRAHMANE C, BÉCHU N, BERTEAUD P, et al. Development of $Pr_2Fe_{14}B$ cryogenic undulator CPMU at soleil[J]. Proc. IPAC'11, 2011: 3233-3235.

[133] OSTENFELD C, PEDERSEN M. Cryogenic in-vacuum undulator at Danfysik[C]. Proceedings of IPAC2010. Kyoto, Japan: [s.n.], 2010, 3093.

[134] GEHLOT M, MISHRA G, TRILLAUD F, et al. Magnetic design of a 14 mm period prototype superconducting undulator[J]. Nuclear Instruments and Methods in Physics Research Section A: Accelerators, Spectrometers, Detectors and Associated Equipment, 2017, 846: 13-17.

[135] MISHRA G, GEHLOT M, SHARMA G, et al. Magnetic design and modelling of a 14 mm-period prototype superconducting undulator[J]. Journal of synchrotron radiation, 2017, 24(2): 422-428.

[136] SERAFINI L, BACCI A, BELLANDI A, et al. MariX, an advanced MHz-class repetition rate X-ray source for linear regime time-resolved spec-

troscopy and photon scattering[J]. Nuclear Instruments and Methods in Physics Research Section A: Accelerators, Spectrometers, Detectors and Associated Equipment, 2019, 930: 167-172.

[137] BRAGIN A, KHRUSCHEV S, LEV V, et al. Short-period superconducting undulator coils with neutral poles: Test results[J]. IEEE Transactions on Applied Superconductivity, 2018, 28(4): 1-4.

[138] MEZENTSEV N, KHRUSCHEV S, SHKARUBA V, et al. Planar superconducting undulator with neutral poles[C]// Proc. 25th Russian Particle Accelerator RuPAC2016. [S.l.: s.n.], 2016: 21-23.

[139] HEZEL T, HOMSCHEIDT M, MOSER H, et al. Experimental results with a novel superconductive in-vacuum mini-undulator test device at the Mainz microtron MAMI[C]// Proceedings of the 1999 Particle Accelerator Conference (Cat. No. 99CH36366). [S.l.]: IEEE, 1999, 1: 165-167.

[140] CASALBUONI S, HAGELSTEIN M, KOSTKA B, et al. Generation of X-ray radiation in a storage ring by a superconductive cold-bore in-vacuum undulator[J]. Physical Review Special Topics—Accelerators and Beams, 2006, 9(1): 010702.

[141] BRAGIN A V, BERNHARD A, CASALBUONI S, et al. Test results of the CLIC damping wiggler prototype[J]. IEEE Transactions on Applied Superconductivity, 2016, 26(4): 1-4.

[142] TOSI L, KNAPIC C, ZANGRANDO D. The elettra superconducting wiggler[C]// Proc. 9th European Part. Accel. Conf. [S.l.: s.n.], 2004.

[143] BEKHTENEV E, KHRUSCHEV S, KUPER E, et al. A multipole superconducting wiggler for canadian light source[J]. Physics of Particles and Nuclei Letters, 2006, 3(1): S16-S21.

[144] BEKHTENEV E, KHRUSHCHEV S, MEZENTSEV N, et al. The main test results of the 3.5 Tesla 49-pole superconducting wiggler for DLS[C]. Proc. of RuPAC2006. [S.l.: s.n.], 2006.

[145] IVANYUSHENKOV Y, HARKAY K, ABLIZ M, et al. Development and operating experience of a short-period superconducting undulator at the advanced photon source[J]. Physical Review Special Topics—Accelerators and Beams, 2015, 18(4): 040703.

[146] MORTON P, REES J. The design of low-beta insertions for storage rings[C]// Paper E-20 of this conference. [S.l.: s.n.], 1967.

[147] PIWINSKI A, MARTINI M. Proceedings of the 9th international conference on high energy accelerators[C]. [S.l.: s.n.], 1974.

[148] PIWINSKI A. The Touschek effect in strong focusing storage rings[J]. arXiv

preprint physics/9903034, 1999.

[149] PIWINSKI A, CHAO A W, MESS K H, et al. Handbook of accelerator physics and engineering[M]. Toh Tuck Link, Singapore: World Scientific, 2013.

[150] SALDIN E L, SCHNEIDMILLER E A, YURKOV M V. A simple method for the determination of the structure of ultrashort relativistic electron bunches[J]. Nuclear Instruments and Methods in Physics Research Section A: Accelerators, Spectrometers, Detectors and Associated Equipment, 2005, 539(3): 499-526.

[151] DATTOLI G, MIKHAILIN V, ZHUKOVSKY K. Undulator radiation in a periodic magnetic field with a constant component[J]. Journal of applied physics, 2008, 104(12): 124507.

[152] GEHLOT M, MISHRA G. Effect of beam energy spread on cascade optical klystron undulator radiation[J]. Optics communications, 2010, 283(7): 1445-1448.

[153] ZHUKOVSKY K V. Inhomogeneous and homogeneous losses and magnetic field effect in planar undulator radiation[J]. Progress In Electromagnetics Research B, 2014, 59: 245-256.

[154] DRAGT A J. Lectures on nonlinear orbit dynamics[C]// AIP conference proceedings. [S.l.]: American Institute of Physics, 1982, 87(1): 147-313.

[155] CHAO A W. Lecture notes on topics in accelerator physics[R]. Menlo Park: Stanford Linear Accelerator Center, 2002.

[156] GOVER A, HARTEMANN F, LE SAGE G, et al. Time and frequency domain analysis of superradiant coherent synchrotron radiation in a waveguide free-electron laser[J]. Physical Review Letters, 1994, 72(8): 1192.

[157] GOVER A. Superradiant and stimulated-superradiant emission in prebunched electron-beam radiators. I. formulation[J]. Physical Review Special Topics—Accelerators and Beams, 2005, 8(3): 030701.

[158] GOVER A, DYUNIN E, LURIE Y, et al. Superradiant and stimulated-superradiant emission in prebunched electron-beam radiators. II. radiation enhancement schemes[J]. Physical Review Special Topics—Accelerators and Beams, 2005, 8(3): 030702.

[159] PAN Y, GOVER A. Spontaneous and stimulated radiative emission of modulated free-electron quantum wavepackets—semiclassical analysis[J]. Journal of Physics Communications, 2018, 2(11): 115026.

[160] GOVER A, IANCONESCU R, FRIEDMAN A, et al. Superradiant and stimulated-superradiant emission of bunched electron beams[J]. Reviews of

Modern Physics, 2019, 91(3): 035003.

[161] SCHNITZER I, GOVER A. The prebunched free electron laser in various operating gain regimes[J]. Nuclear Instruments and Methods in Physics Research Section A: Accelerators, Spectrometers, Detectors and Associated Equipment, 1985, 237(1-2): 124-140.

[162] JACKSON J D. Classical electrodynamics[M]. New York, USA: John Wiley & Sons, 2021.

[163] DATTOLI G, DI PALMA E, LICCIARDI S, et al. Generalized bessel functions and their use in bremsstrahlung and multi-photon processes[J]. Symmetry, 2021, 13(2): 159.

[164] DATTOLI G, RENIERI A, TORRE A. Lectures on the free electron laser theory and related topics[M]. Toh Tuck Link, Singapore: World Scientific, 1993.

[165] BLUM E, HAPPEK U, SIEVERS A. Observation of coherent synchrotron radiation at the Cornell linac[J]. Nuclear Instruments and Methods in Physics Research Section A: Accelerators, Spectrometers, Detectors and Associated Equipment, 1991, 307(2-3): 568-576.

[166] NEUMAN C, GRAVES W, O'SHEA P. Coherent off-axis undulator radiation from short electron bunches[J]. Physical Review Special Topics—Accelerators and Beams, 2000, 3(3): 030701.

[167] DENG X J, ZHANG Y, PAN Z L, et al. Average and statistical properties of coherent radiation from steady-state microbunching[J]. Journal of Synchrotron Radiation, 2023, 30(1): 35-50.

[168] XIANG D, STUPAKOV G. Echo-enabled harmonic generation free electron laser[J]. Physical Review Special Topics—Accelerators and Beams, 2009, 12(3): 030702.

[169] HEMSING E, DUNNING M, GARCIA B, et al. Echo-enabled harmonics up to the 75th order from precisely tailored electron beams[J]. Nature Photonics, 2016, 10(8): 512-515.

[170] CHAO A W. Personal note: SSMB10[R]. Menlo Park: Stanford Linear Accelerator Center, 2015.

[171] ENDO A, HOSHINO H, SUGANUMA T, et al. Laser-produced EUV light source development for HVM[C]// Emerging Lithographic Technologies XI. [S.l.]: SPIE, 2007, 6517: 210-217.

[172] RIZVI S. Handbook of photomask manufacturing technology[M]. Boca Raton, USA: CRC Press, 2018.

附录 A   8 单元磁聚焦结构特征参数

在第三、四代同步辐射储存环中，一般具有如图 4.8 所示的超周期结构，对于这样的结构，可以采用迭代法计算相应的磁聚焦结构特征参数。对于我们采用的 8 单元超周期结构，迭代之后的磁聚焦结构参数可以用弯铁相应排布参数表示为

$$A_2 = \frac{5186\theta + 540\theta_m + 3\cot\theta - 3\theta\csc^2\theta}{108\rho^2} \tag{A-1}$$

$$
\begin{aligned}
A_1 = \frac{1}{216\gamma^2\rho^2}\{&4[-4(\gamma^2-1)\theta_m\rho(160\theta+27\theta_m) + 8\gamma^2\rho(80\theta\sin\theta_m - \\
&27\cos\theta_m) + 216(2\gamma^2-1)\rho + 320\theta L_c - 975\theta L_d - 54\theta_m L_d + \\
&640\theta L_m + 216\theta_m L_m] - 6[8\rho(\gamma^2-1)(9\theta-\theta_m) + 8\gamma^2\rho\sin\theta_m + \\
&40L_c + 3L_d + 8L_m]\cot\theta + [-8\rho(\gamma^2-1)(9\theta+\theta_m) + 8\gamma^2\rho\sin\theta_m + \\
&40L_c + 3L_d + 8L_m]6\theta\csc^2\theta\}
\end{aligned}
\tag{A-2}
$$

$$
\begin{aligned}
A_0 = \frac{1}{432\gamma^4\rho^2}\{&-2[1280\theta L_c^2 + 640\theta L_c(3L_d+8L_m) + 135L_d^2(9\theta+\theta_m) + \\
&(80\theta+27\theta_m)(3L_d+8L_m)^2] + 3(\cot\theta-\theta\csc^2\theta)(40L_c+3L_d+ \\
&8L_m)^2\} + \frac{(\gamma^2-1)}{27\gamma^4\rho}[80L_c(8\theta\theta_m-27) + (160\theta\theta_m+27\theta_m^2-108)(3L_d+ \\
&8L_m)] + \frac{(\gamma^2-1)}{18\gamma^4\rho}\{[2\theta(9\theta+\theta_m) + (9\theta-\theta_m)\sin(2\theta)](40L_c+3L_d+ \\
&8L_m)\csc^2\theta\} + \frac{1}{54\gamma^2\rho}\{[-2\theta(440L_c+249L_d+664L_m) +
\end{aligned}
$$

$$3(40L_c + 3L_d + 8L_m)\sin(2\theta) + 160(4L_c + 3L_d + 8L_m)\theta\cos(2\theta)]\cdot$$

$$\csc^2\theta\sin\theta_m + 324L_d\cos\theta_m + 864L_m\cos\theta_m\} - \frac{2(3L_d + 8L_m)}{\gamma^4\rho} +$$

$$\frac{1}{27}\{-12\theta\csc^2\theta[\sin\theta_m - \beta^2(9\theta + \theta_m)]^2 - 4\left(162\beta^4\theta^3 +\right.$$

$$4\theta\left[\beta^4(40\theta_m^2 - 243) + 20\right] + (9\theta_m[2\beta^4(\theta_m^2 - 6) + 3] -$$

$$80\theta\left(4\beta^2\theta_m\sin\theta_m + \cos(2\theta_m)\right) + 108\beta^2\theta_m\cos\theta_m) -$$

$$6\cot\theta[2\beta^4(27\theta - \theta_m)(9\theta + \theta_m) + 4\beta^2(\theta_m - 9\theta)\sin\theta_m +$$

$$\cos(2\theta_m) - 1] + 54\sin(2\theta_m)\} \tag{A-3}$$

在学期间完成的相关学术成果

[1] Zhang Y, Deng X J, Pan Z L, et al. Ultralow longitudinal emittance storage rings[J]. Phys. Rev. Accel. Beams, 2021, 24(9): 090701.

[2] Zhang Y, Deng X, Pan Z, et al. A general optimization method for high harmonic generation beamline[C]//39th Free Electron Laser Conference (FEL'19). Geneva, Switzerland : JACOW Publishing, 2019: 638-642.

致　　谢

　　由衷感谢导师唐传祥教授对本人的悉心教导。他渊博的学识、敏锐的直觉、谨言慎行的作风使我受益良多。

　　感谢赵午教授对本人研究工作的指导，感谢焦毅、姜伯承、冯超等老师在研究过程中给出的中肯建议，也感谢清华大学工程物理系加速器实验室全体老师和同学的帮助！

　　特别感谢家人的支持！